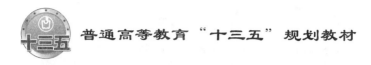

普通高等教育"十三五"规划教材

Multisim 虚拟工控系统实训教程

主　编　王晓明　沈明新

副主编　陈雪波　徐望宝　王金昌　陈育庆

U0342249

北　京

冶金工业出版社

2019

内 容 提 要

本书是配合高等学校"自动控制原理"课程而编写的仿真实训教材。书中以"自动控制原理"课程的章节为顺序,介绍了各种仿真实验电路的搭建和仿真分析过程。全书共有十五个经典实训内容,并在基本实验内容的基础上对其进行了拓展。

本书为高等学校电气、电子、测控、通信、计算机、自动化和机电一体化等专业的实训教材或辅导教材,也可供相关专业的工程技术人员参考。

图书在版编目(CIP)数据

Multisim 虚拟工控系统实训教程 / 王晓明,沈明新
主编 . —北京:冶金工业出版社,2019. 9
普通高等教育"十三五"规划教材
ISBN 978-7-5024-8168-1

Ⅰ.①M… Ⅱ.①王… ②沈… Ⅲ.①电子电路—
电路设计—计算机辅助设计—应用软件—高等学校—
教材 Ⅳ.①TN702

中国版本图书馆 CIP 数据核字(2019)第 175997 号

出 版 人 谭学余
地 址 北京市东城区嵩祝院北巷 39 号 邮编 100009 电话 (010)64027926
网 址 www.cnmip.com.cn 电子信箱 yjcbs@cnmip.com.cn
责任编辑 郭冬艳 宋 良 美术编辑 吕欣童 版式设计 孙跃红 禹 蕊
责任校对 郑 娟 责任印制 牛晓波
ISBN 978-7-5024-8168-1
冶金工业出版社出版发行;各地新华书店经销;三河市双峰印刷装订有限公司印刷
2019 年 9 月第 1 版,2019 年 9 月第 1 次印刷
148mm×210mm;6. 375 印张;188 千字;197 页
20. 00 元

冶金工业出版社 投稿电话 (010)64027932 投稿信箱 tougao@cnmip.com.cn
冶金工业出版社营销中心 电话 (010)64044283 传真 (010)64027893
冶金工业出版社天猫旗舰店 yjgycbs.tmall.com
(本书如有印装质量问题,本社营销中心负责退换)

前　言

　　自动控制技术已经广泛应用于工农业生产、交通运输和国防建设的各个领域。它以控制理论为基础，以计算机为手段，解决了一系列高科技难题，诸如航空航天等领域的一些高精度控制问题等，在科学技术现代化的发展与创新过程中，发挥着越来越重要的作用。

　　本书系为配套《自动控制原理》教材而编写的，配合电子EDA（"Electronic Design Automation" 的缩写）技术仿真设计，使用美国国家仪器（NI）有限公司推出的基于 Windows 平台的仿真工具 Multisim，打破传统实验教学中使用教学仪器所带来的诸如实验结果不稳定、实验数据与理论差距大、设备故障多、实验过程不好观测等不便，具有实验教学仪器的直观性、实践性，完全保留了实验设备的优点，同时又解决了由实验设备本身的局限性对实验结果所带来的不利影响。EDA 技术已经在电子设计领域得到广泛应用。发达国家目前已经基本上不存在电子产品的手工设计。一台电子产品的设计过程，从概念的确立，到包括电路原理、PCB 版图、单片机程序、机内结构、FPGA 的构建及仿真、外观界面、热稳定分析、电磁兼容分析在内的物理级设计，再到 PCB 钻孔图、自动贴片、焊膏漏印、元器件清单、总装配图等生产所需资料等等，全部都在计算机上完成。EDA 技术借助计算机存储量大、运行速度快的特点，可对设计方案进行人工难以完成的模拟评估、设计检验、设计优化和数据处理等工作。EDA 已经成为集成电路、印制电路板、电子整机系统设计的主要技术手段。美国 NI 公司（美国国家仪器公司）的 Multisim 14 软件就是这方面很好的一个工具。而且 Multisim 14 计算机仿真与虚拟仪器技术（Labview 8）可以很好地解决理论教学与实际动手实验相脱节的这一老大难问题。学生可以精准、快捷地把刚刚学到的理论知识用计算机仿真真实地再现出来，并且可以用虚拟仪器技术创造出真正属于自己的仪表，极大地提高了学生的学习热情，提高了学习能力和动手能力。这些在教学活动中已经得到了很好的体现。还有很重要的一点，就是计算机仿真与虚拟仪器对教师的教学也是一个很好的促进和提高。

本书由王晓明组织并统稿，沈明新编写实训一、二；徐望宝编写实训三、四；陈育庆编写实训五、六；陈雪波编写实训七、八；王金昌编写实训九、十；其余实训内容由王晓明编写并负责全部仿真实验图表的绘制和数据的核对。在编写过程中，参考了国内已经出版的有关仿真应用方面的部分文献，借此机会向文献作者表示感谢。

本书的出版，得到了辽宁科技大学教材建设基金的资助。

由于作者水平所限，书中不足之处，恳请读者批评指正。

王晓明

2019 年 4 月

目　录

实训一　典型环节的电路模拟

一、实训目的

（1）熟悉各典型环节的阶跃响应特性及其电路模拟；

（2）测量各典型环节的阶跃响应曲线，并了解参数变化对其动态特性的影响；

（3）使用 Multisim 仿真软件对实验内容进行仿真。

二、实训设备

Multisim 仿真软件。

三、实训内容

（1）设计并组建各典型环节的模拟电路；

（2）测量各典型环节的阶跃响应，并研究参数变化对其输出响应的影响。

四、实训原理

自控系统是由比例、积分、微分、惯性等环节按一定的关系组建而成的。熟悉这些典型环节的结构及其对阶跃输入的响应，对系统的设计和分析十分有益。

典型环节的概念对系统建模、分析和研究很有用，但应强调，典型环节的数学模型是对各种物理系统元、部件的机理和特性高度理想化后的结果。重要的是，在一定条件下，模型的确定能在一定程度上忠实地描述那些元、部件物理过程的本质特征。

本实验中的典型环节都是以运放为核心元件构成的，其原理如图1-1 所示。图中 Z_1 和 Z_2 表示由 R、C 构成的复数阻抗。

1. 比例（P）环节

比例环节的特点是输出不失真、不延迟、成比例地复现输出信号

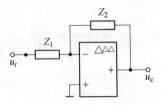

图 1-1　典型环节电路原理

的变化。它的传递函数与方框图分别为：

$$G(s) = \frac{U_c(s)}{U_r(s)} = K$$

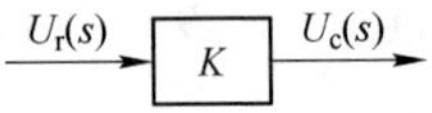

当 $U_r(s)$ 输入端输入一个单位阶跃信号，且比例系数为 K 时的响应曲线如图 1-2 所示。

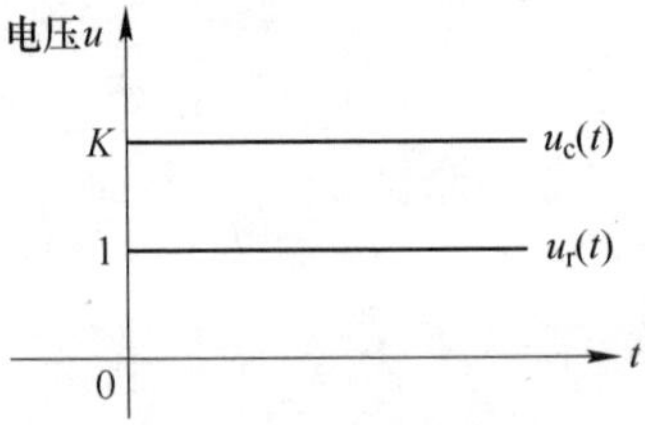

图 1-2　比例环节响应曲线

2. 积分（I）环节

积分环节的输出量与其输入量对时间的积分成正比。它的传递函数与方框图分别为：

$$G(s) = \frac{U_c(s)}{U_r(s)} = \frac{1}{Ts}$$

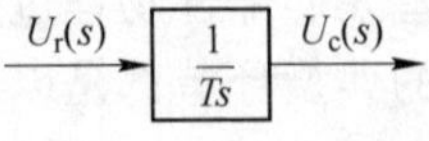

设 $U_r(s)$ 为一单位阶跃信号，当积分系数为 T 时的响应曲线如图 1-3 所示。

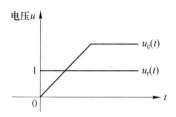

图 1-3　积分环节响应曲线

3. 比例积分（PI）环节

比例积分环节的传递函数与方框图分别为：

$$G(s) = \frac{U_c(s)}{U_r(s)} = \frac{R_2Cs + 1}{R_1Cs} = \frac{R_2}{R_1} + \frac{1}{R_1Cs} = \frac{R_2}{R_1}\left(1 + \frac{1}{R_2Cs}\right)$$

其中，$T = R_2C$，$K = R_2/R_1$。

设 $U_r(s)$ 为一单位阶跃信号，图 1-4 示出了比例系数（K）为 1、积分系数为 T 时的 PI 输出响应曲线。

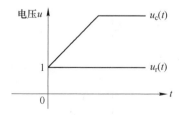

图 1-4　比例积分环节响应曲线

4. 比例微分（PD）环节

比例微分环节的传递函数与方框图分别为：

$$G(s) = K(1 + Ts) = \frac{R_2}{R_1}(1 + R_1Cs)$$

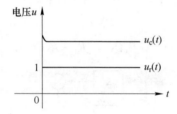

其中，$K = R_2/R_1$，$T_D = R_1C$。

设 $U_r(s)$ 为一单位阶跃信号，图 1-5 示出了比例系数（K）为 2、微分系数为 T_D 时 PD 的输出响应曲线。

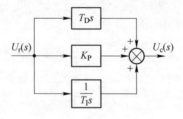

图 1-5   比例微分环节响应曲线

5. 比例积分微分（PID）环节

比例积分微分（PID）环节的传递函数与方框图分别为：

$$G(s) = K_P + \frac{1}{T_I s} + T_D s$$

其中，$K_P = \dfrac{R_1C_1 + R_2C_2}{R_1C_2}$，$T_I = R_1C_2$，$T_D = R_2C_1$，则有：

$$G(s) = \frac{(R_2 C_2 s + 1)(R_1 C_1 s + 1)}{R_1 C_2 s}$$

$$= \frac{R_2 C_2 + R_1 C_1}{R_1 C_2} + \frac{1}{R_1 C_2 s} + R_2 C_1 s$$

设 $U_r(s)$ 为一单位阶跃信号，图 1-6 示出了比例系数 (K) 为 1、微分系数为 T_D、积分系数为 T_I 时 PID 的输出。

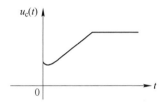

图 1-6 比例积分微分环节响应曲线

6. 惯性环节

惯性环节的传递函数与方框图分别为：

$$G(s) = \frac{U_c(s)}{U_r(s)} = \frac{K}{Ts + 1}$$

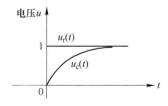

当 $U_r(s)$ 输入端输入一个单位阶跃信号，且放大系数 (K) 为 1，时间常数为 T 时，响应曲线如图 1-7 所示。

图 1-7 惯性环节响应曲线

五、实训步骤（Multisim 仿真实验）

启动 Multisim14.0，在电路工作区上，将各种电子元器件和测试仪器仪表连接成实验电路。点击并压住鼠标左键，可在元件库中选取元件；用同样的方法可在仪器库中选取仪器到电路工作区窗口并连接成实验电路。"启动/停止"开关或"暂停/恢复"按钮可以用来控制实验的仿真进程，并补充完成择取其他参数时的实验。做完实验后，保存实验数据。

1. 比例（P）环节

根据比例环节的方框图，得到比例环节的电路如图 1-8 所示，比例环节的 Multisim 仿真电路和波形如图 1-9 所示。

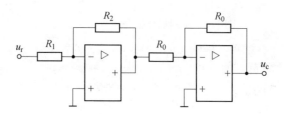

图 1-8　比例环节电路图

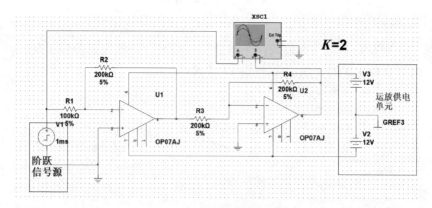

(a) 比例环节仿真电路

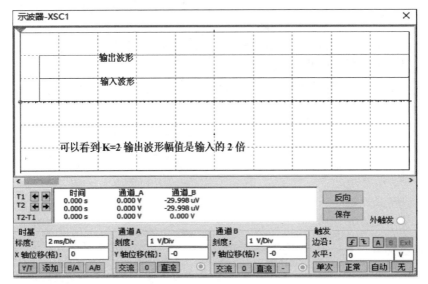

(b) 比例环节波形图

图 1-9 比例环节的 Multisim 仿真电路和波形

图 1-8 中后一个单元为反相器，其中 $R_0 = 200k$。

若比例系数 $K = 1$，电路中的参数取：$R_1 = 100k$，$R_2 = 100k$。

若比例系数 $K = 2$，电路中的参数取：$R_1 = 100k$，$R_2 = 200k$。

2. 积分 (I) 环节

根据积分环节的方框图，积分环节的电路如图 1-10 所示。

图 1-10 中后一个单元为反相器，其中 $R_0 = 200k$。

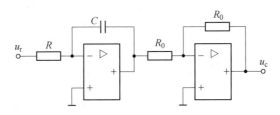

图 1-10 积分环节电路图

若积分时间常数 $T = 1s$ 时，电路中的参数取：$R = 100k$，$C = 10\mu F$（$T = RC = 100k \times 10\mu F = 1$）。

若积分时间常数 $T = 0.1s$ 时，电路中的参数取：$R = 100k$，$C = 1\mu F$（$T = RC = 100k \times 1\mu F = 0.1$）。

积分环节的 Multisim 仿真电路和仿真波形如图 1-11 所示。

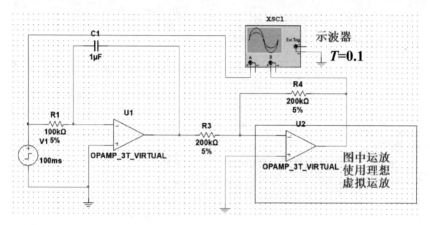

(a) 积分环节Multisim仿真电路

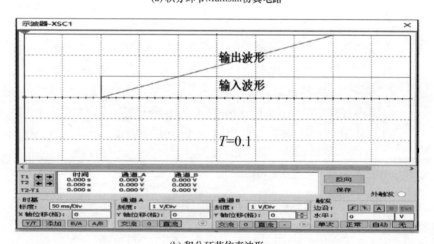

(b) 积分环节仿真波形

图 1-11　积分环节的 Multisim 仿真电路和仿真波形

3. 比例积分（PI）环节

根据比例积分环节的方框图，比例积分环节电路如图 1-12 所示。图 1-12 中后一个单元为反相器，其中 $R_0 = 200\text{k}$。

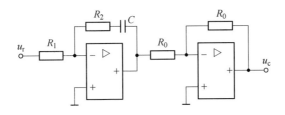

图 1-12　比例积分环节电路图

若取比例系数 $K = 1$、积分时间常数 $T = 1\text{s}$ 时，电路中的参数取：$R_1 = 100\text{k}$，$R_2 = 100\text{k}$，$C = 10\mu\text{F}$（$K = R_2/R_1 = 1$，$T = R_2C = 100\text{k} \times 10\mu\text{F} = 1$）。

若取比例系数 $K = 1$、积分时间常数 $T = 0.1\text{s}$ 时，电路中的参数取：$R_1 = 100\text{k}$，$R_2 = 100\text{k}$，$C = 1\mu\text{F}$（$K = R_2/R_1 = 1$，$T = R_2C = 100\text{k} \times 1\mu\text{F} = 0.1\text{s}$）。

比例积分环节的仿真电路和仿真波形如图 1-13 所示。

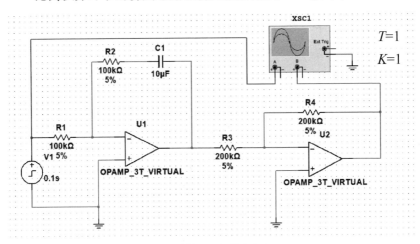

(a) 比例积分环节仿真电路

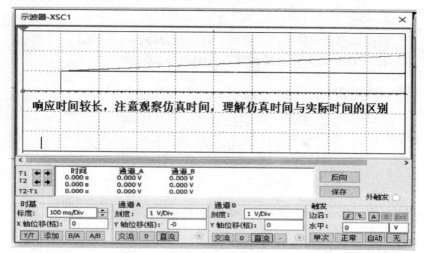

(b) 比例积分环节仿真波形

图 1-13　比例积分环节的 Multisim 仿真电路和仿真波形

4. 比例微分（PD）环节

根据比例微分环节的方框图，比例微分环节的电路图如图 1-14所示。

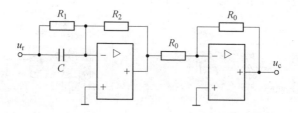

图 1-14　比例微分环节电路

图中后一个单元为反相器，其中 $R_0 = 200k$。

若比例系数 $K = 1$、微分时间常数 $T = 0.1s$ 时，电路中的参数取：$R_1 = 100k$，$R_2 = 100k$，$C = 1\mu F$（$K = R_2/R_1 = 1$，$T = R_1C = 100k \times 1\mu F = 0.1s$）。

若比例系数 $K = 1$、微分时间常数 $T = 1s$ 时，电路中的参数取：

$R_1 = 100\mathrm{k}$，$R_2 = 100\mathrm{k}$，$C = 10\mu\mathrm{F}$（$K = R_2/R_1 = 1$，$T = R_1C = 100\mathrm{k} \times 10\mu\mathrm{F} = 1\mathrm{s}$）；

比例微分环节的 Multisim 仿真电路图和仿真波形如图 1-15 所示。

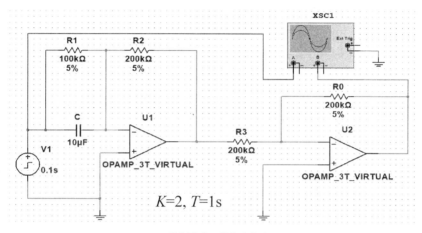

(a) 比例微分环节仿真电路

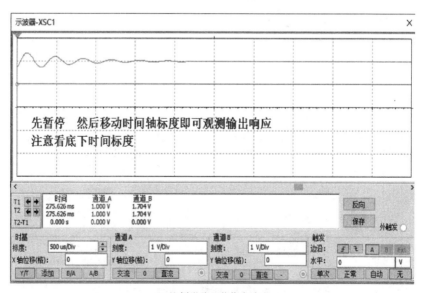

(b) 比例微分环节仿真波形

图 1-15　比例微分环节 Multisim 仿真电路和仿真波形

5. 比例积分微分（PID）环节

根据比例积分微分环节的方框图，比例积分微分环节的电路图如图 1-16 所示。图中后一个单元为反相器，其中 $R_0 = 200\text{k}$。

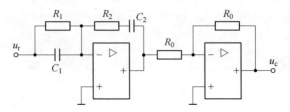

图 1-16　比例积分微分环节电路图

若比例系数 $K = 2$、积分时间常数 $T_I = 0.1\text{s}$、微分时间常数 $T_D = 0.1\text{s}$ 时，电路中的参数取：$R_1 = 100\text{k}$，$R_2 = 100\text{k}$，$C_1 = 1\mu\text{F}$、$C_2 = 1\mu\text{F}$，（$K = (R_1C_1 + R_2C_2)/(R_1C_1) = 2$，$T_I = R_1C_2 = 100\text{k} \times 1\mu\text{F} = 0.1\text{s}$，$T_D = R_2C_1 = 100\text{k} \times 1\mu\text{F} = 0.1\text{s}$）。

若比例系数 $K = 1.1$、积分时间常数 $T_I = 1\text{s}$、微分时间常数 $T_D = 0.1\text{s}$ 时，电路中的参数取：$R_1 = 100\text{k}$，$R_2 = 100\text{k}$，$C_1 = 1\mu\text{F}$、$C_2 = 10\mu\text{F}$，（$K = (R_1C_1 + R_2C_2)/(R_1C_1) = 1.1$，$T_I = R_1C_2 = 100\text{k} \times 10\mu\text{F} = 1\text{s}$，$T_D = R_2C_1 = 100\text{k} \times 1\mu\text{F} = 0.1\text{s}$）。

比例积分微分环节的仿真电路和仿真波形如图 1-17 所示。

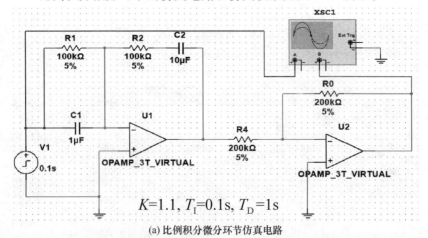

(a) 比例积分微分环节仿真电路

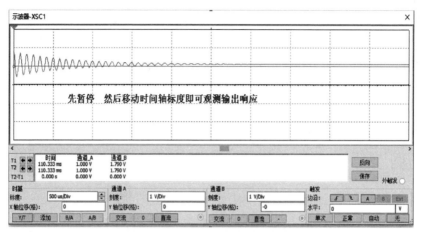

(b) 比例积分微分环节仿真波形

图 1-17　比例积分微分环节 Multisim 仿真电路和波形

6. 惯性环节

根据惯性环节的方框图，选电路如图 1-18 所示，图中后一个单元为反相器，其中 $R_0 = 200k$。

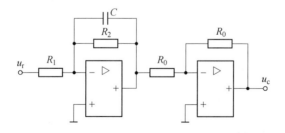

图 1-18　惯性环节电路图

若比例系数 $K = 1$、时间常数 $T = 1s$ 时，电路中的参数取：$R_1 = 100k$，$R_2 = 100k$，$C = 10\mu F$（$K = R_2/R_1 = 1$，$T = R_2C = 100k \times 10\mu F = 1$）。

若比例系数 $K = 1$、时间常数 $T = 0.1s$ 时，电路中的参数取：$R_1 = 100k$，$R_2 = 100k$，$C = 1\mu F$（$K = R_2/R_1 = 1$，$T = R_2C = 100k \times$

$1\mu F = 0.1$）。

　　通过改变 R_2、R_1、C 的值可改变惯性环节的放大系数 K 和时间常数 T。

　　惯性环节的 Multisim 仿真电路和仿真波形如图 1-19 所示。

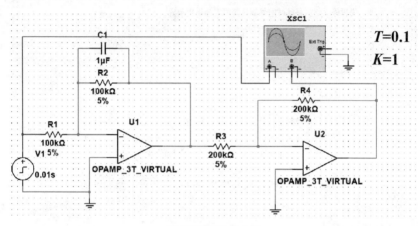

(a) 惯性环节仿真电路

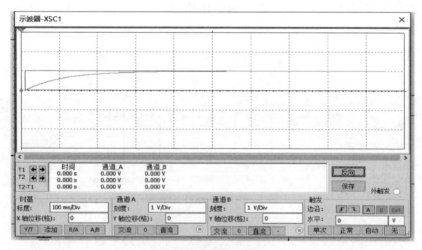

(b) 惯性环节仿真波形

图 1-19　惯性环节 Multisim 仿真电路和波形

六、实训报告要求

（1）画出各典型环节的实验电路图，并注明参数。

（2）写出各典型环节的传递函数。

（3）根据测得的典型环节单位阶跃响应曲线，分析参数变化对动态特性的影响。

七、实训思考题

（1）用运放模拟典型环节时，其传递函数是在什么假设条件下近似导出的？

（2）积分环节和惯性环节的主要差别是什么？在什么条件下，惯性环节可以近似地视为积分环节；而又在什么条件下，惯性环节可以近似地视为积分环节？

（3）在积分环节和惯性环节实验中，如何根据单位阶跃响应曲线的波形，确定积分环节和惯性环节的时间常数？

（4）为什么实验中实际曲线与理论曲线有一定的误差？

（5）为什么 PD 实验在稳定状态时曲线有小范围的振荡？

八、注意事项

（1）模拟典型环节是将运算放大器视为满足以下条件的理想放大器：

1）输入阻抗∞，输入运放的电流为0，同时输出阻抗为0。

2）电压增益∞。

3）通频带为∞。

4）输入与输出之间呈线性特性。

（2）实际模拟典型环节：

1）实际运放输出幅值受其电源限制是非线性的，实际运放是有惯性的。

2）对比例环节、惯性环节、积分环节、比例积分环节和振荡环节，只要控制了输入量的大小或是输入量施加的时间的长短（对于积分或比例积分环节），不使其输出量在工作期间内达到饱和值，则非线性因素对上述环节特性的影响可以避免；但对模拟比例微分环节和微分环节的影响则无法避免，其模拟输出只能达到有限的最高饱和值。

3）实际运放有惯性，它对所有模拟惯性环节的暂态响应都有影响，但情况又有较大的不同。

（3）实验各器件：

1）在 Multisim 元器件库中电源库里选择阶跃信号源（图 1-20）。

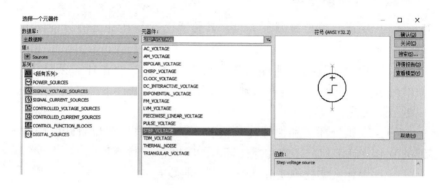

图 1-20　阶跃信号源选择

2）在 Multisim 元器件库中模拟器件库里选择放大器（图 1-21）。

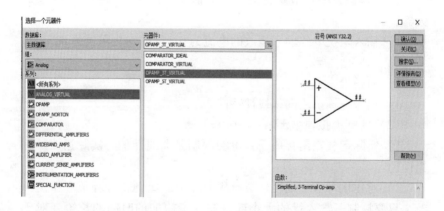

图 1-21　放大器选择

3）在 Multisim 基本元器件库里选择电阻、电容元件（图 1-22）。

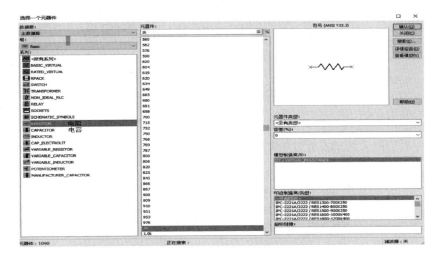

图 1-22 电阻电容选择

实训二 二阶系统的瞬态响应

一、实训目的

（1）通过实验了解参数 ζ（阻尼比）、ω_n（阻尼自然频率）的变化对二阶系统动态性能的影响；

（2）掌握二阶系统动态性能的测试方法；

（3）使用 Multisim 仿真软件对实验内容进行仿真。

二、实训设备

Multisim 仿真软件。

三、实训内容

（1）观测二阶系统的阻尼比分别在 $0 < \zeta < 1$、$\zeta = 1$ 和 $\zeta > 1$ 三种情况下的单位阶跃响应曲线；

（2）调节二阶系统的开环增益 K，使系统的阻尼比 $\zeta = \dfrac{1}{\sqrt{2}}$，测量此时系统的超调量 δ_p、调节时间 t_s（$\Delta = \pm 0.05$）；

（3）ζ 为一定时，观测系统在不同 ω_n 时的响应曲线。

四、实训原理

1. 二阶系统的瞬态响应

用二阶常微分方程描述的系统，称为二阶系统，其标准形式的闭环传递函数为：

$$\frac{c(s)}{r(s)} = \frac{\omega_n^2}{s^2 + 2\zeta\omega_n s + \omega_n^2} \tag{2-1}$$

闭环特征方程：

$$s^2 + 2\zeta\omega_n + \omega_n^2 = 0$$

其解

$$s_{1,2} = -\zeta\omega_n \pm \omega_n \sqrt{\zeta^2 - 1}$$

针对不同的 ζ 值，特征根会出现下列三种情况：

（1）$0 < \zeta < 1$（欠阻尼），$s_{1,2} = -\zeta\omega_n \pm j\omega_n \sqrt{1 - \zeta^2}$

此时，系统的单位阶跃响应呈振荡衰减形式，其曲线如图 2-1 (a) 所示。它的数学表达式为：

$$c(t) = 1 - \frac{1}{\sqrt{1 - \zeta^2}} e^{-\zeta\omega_n t} \sin(\omega_d t + \beta)$$

式中，$\omega_d = \omega_n \sqrt{1 - \zeta^2}$，$\beta = \arctan \dfrac{\sqrt{1 - \zeta^2}}{\zeta}$。

（2）$\zeta = 1$（临界阻尼）$s_{1,2} = -\omega_n$

此时，系统的单位阶跃响应是一条单调上升的指数曲线，如图 2-1 (b) 所示。

（3）$\zeta > 1$（过阻尼），$s_{1,2} = -\zeta\omega_n \pm \omega_n \sqrt{\zeta^2 - 1}$

此时系统有两个相异实根，它的单位阶跃响应曲线如图 2-1 (c) 所示。

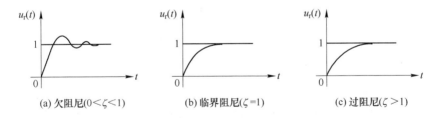

(a) 欠阻尼$(0<\zeta<1)$　　　(b) 临界阻尼$(\zeta=1)$　　　(c) 过阻尼$(\zeta>1)$

图 2-1　二阶系统的动态响应曲线

虽然当 $\zeta = 1$ 或 $\zeta > 1$ 时，系统的阶跃响应无超调产生，但这种响应的动态过程太缓慢，故控制工程上常采用欠阻尼的二阶系统，一般取 $\zeta = 0.6 \sim 0.7$，此时系统的动态响应过程不仅快速，而且超调量也小。

2. 二阶系统的典型结构

典型的二阶系统结构方框图和模拟电路图如图 2-2 和图 2-3 所示。图 2-3 中最后一个单元为反相器。

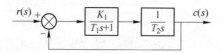

图 2-2　二阶系统的方框图

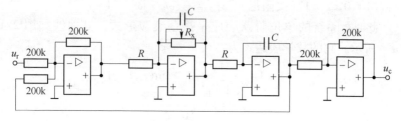

图 2-3　二阶系统的模拟电路图

由图 2-2 可得其开环传递函数为：

$$G(s) = \frac{K}{s(T_1 s + 1)}$$

其中，$K = \dfrac{k_1}{T_2}$，$k_1 = \dfrac{R_X}{R}$（$T_1 = R_X C$，$T_2 = RC$）。

其闭环传递函数为：

$$W(s) = \frac{\dfrac{K}{T_1}}{s^2 + \dfrac{1}{T_1}s + \dfrac{K}{T_1}}$$

与式（2-1）相比较，可得

$$\omega_n = \sqrt{\frac{k_1}{T_1 T_2}} = \frac{1}{RC}, \quad \xi = \frac{1}{2}\sqrt{\frac{T_2}{k_1 T_1}} = \frac{R}{2R_X}$$

五、实训步骤

根据图 2-3 所示二阶系统模拟电路图，用 Multisim 组建仿真电路。

（1）ω_n 值一定时，图 2-3 中取 $C = 1\mu F$，$R = 100k$（此时 $\omega_n = 10$），R_X 阻值可调范围为 $0 \sim 470k$。系统输入一单位阶跃信号，在下列几种情况下，用"Multisim"软件示波器观测并记录不同 ξ 值时的实验曲线。并补充完成取其他参数时的实验，每改变一次参数，保存相应的实验数据。

1）当可调电位器 $R_X = 250k$ 时，$\zeta = 0.2$，系统处于欠阻尼状态，其超调量为 53% 左右；

2）当可调电位器 $R_X = 70.7k$ 时，$\zeta = 0.707$，系统处于欠阻尼状态，其超调量为 4.3% 左右；

3）当可调电位器 $R_X = 50k$ 时，$\zeta = 1$，系统处于临界阻尼状态；

4）当可调电位器 $R_X = 25k$ 时，$\zeta = 2$，系统处于过阻尼状态。

（2）ζ 值一定时，图 2-4 中取 $R = 100k$，$R_X = 250k$（此时 $\zeta =$

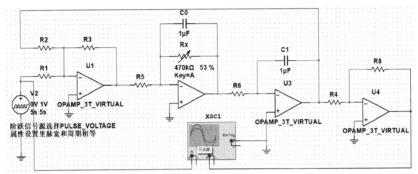

(a) 二阶系统的仿真电路

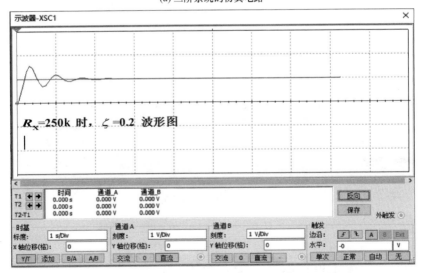

(b) 二阶系统的仿真波形

图 2-4 二阶系统的 Multisim 仿真电路和波形

0.2）。系统输入一单位阶跃信号，在下列几种情况下，用"Multi-sim"软件示波器观测并记录不同 ω_n 值时的实验曲线。

1）若取 $C = 10\mu F$ 时，$\omega_n = 1$（参见图 2-5）；

2）若取 $C = 0.1\mu F$ 时，$\omega_n = 100$。

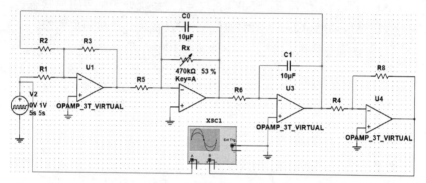

(a) 二阶系统的仿真电路

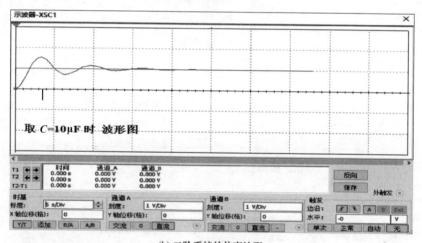

(b) 二阶系统的仿真波形

图 2-5   二阶系统的 Multisim 仿真电路和波形

六、实训报告要求

（1）画出二阶系统线性定常系统的实验电路，并写出闭环传递函数，表明电路中的各参数；

（2）根据测得系统的单位阶跃响应曲线，分析开环增益 K 和时间常数 T 对系统的动态性能的影响。

七、实训思考题

（1）如果阶跃输入信号的幅值过大，会在实验中产生什么后果？

（2）在电路模拟系统中，如何实现负反馈和单位负反馈？

（3）为什么本实验中二阶系统对阶跃输入信号的稳态误差为零？

实训三 高阶系统的瞬态响应和
稳定性分析

一、实训目的

（1）通过实验，进一步理解线性系统的稳定性仅取决于系统本身的结构和参数，具有与外作用及初始条件均无关的特性；

（2）研究系统的开环增益 K 或其他参数的变化对闭环系统稳定性的影响；

（3）使用 Multisim 仿真软件对实验内容进行仿真。

二、实训设备

Multisim 仿真软件。

三、实训内容

观测三阶系统的开环增益 K 为不同数值时的阶跃响应曲线。

四、实训原理

三阶系统及三阶以上的系统统称为高阶系统。一个高阶系统的瞬态响应，由一阶和二阶系统的瞬态响应组成。控制系统能投入实际应用，必须首先满足稳定的要求。线性系统稳定的充要条件是其特征方程式的根全部位于 S 平面的左方，应用劳斯判断就可以判别闭环特征方程式的根在 S 平面上的具体分布，从而确定系统是否稳定。

本实验是研究一个三阶系统的稳定性与其参数 K 对系统性能的关系。三阶系统的方框图和模拟电路图如图 3-1 和图 3-2 所示。

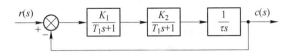

图 3-1　三阶系统的方框图

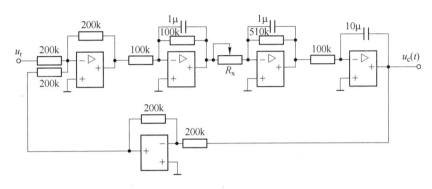

图 3-2　三阶系统的模拟电路图

系统开环传递函数为：

$$G(s) = \frac{K}{S(T_1 s + 1)(T_2 s + 1)} = \frac{\dfrac{K_1 K_2}{\tau}}{s(0.1s + 1)(0.5s + 1)}$$

式中，$\tau = 1s$，$T_1 = 0.1s$，$T_2 = 0.5s$，$K = \dfrac{K_1 K_2}{\tau}$，$K_1 = 1$，$K_2 = \dfrac{510}{R_X}$（其中待定电阻 R_X 的单位为 $k\Omega$）。改变 R_X 的阻值，可改变系统的放大系数 K。

由开环传递函数得到系统的特征方程为：

$$s^3 + 12s^2 + 20s + 20K = 0$$

由劳斯判据得：

$0 < K < 12$　系统稳定

$K = 12$　系统临界稳定

$K > 12$　系统不稳定

其三种状态的不同响应曲线如图 3-3 所示。

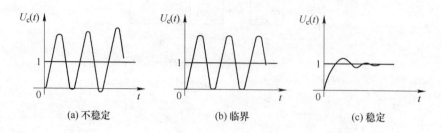

图 3-3　三阶系统在不同放大系数的单位阶跃响应曲线

五、实训步骤

根据图 3-2 所示的三阶系统的模拟电路图，设计并组建该系统的 Multisim 仿真电路如图 3-4 所示。当系统输入一单位阶跃信号时，在下列几种情况下，用示波器观测并记录不同 K 值时的实验曲线，并补充完成取其他参数时的实验，每改变一次 K 值，保存相应的实验数据：

（1）若 $K = 5$ 时，系统稳定，此时电路中的 R_X 取 100k 左右；

（2）若 $K = 12$ 时，系统处于临界状态，此时电路中的 R_X 取 42.5k 左右（实际值为 47k 左右）；

（3）若 $K = 20$ 时，系统不稳定，此时电路中的 R_X 取 25k 左右。

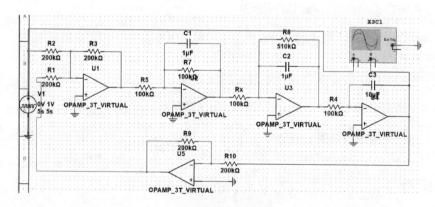

(a) 三阶系统仿真电路

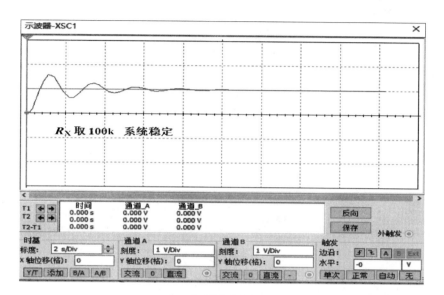

(b) 三阶系统稳定仿真波形

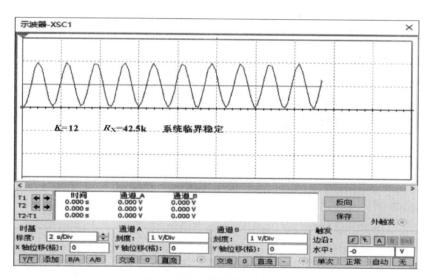

(c) 三阶系统临界稳定仿真波形

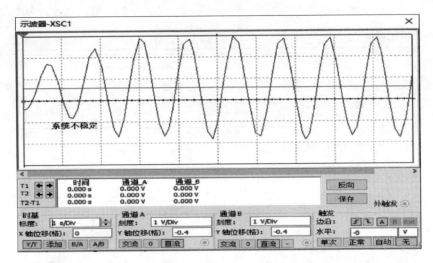

(d) 三阶系统不稳定仿真波形

图 3-4　三阶系统仿真电路和稳定、临界稳定、不稳定 Multisim 仿真波形

六、实训报告要求

（1）画出三阶系统线性定常系统的实验电路，并写出其闭环传递函数，表明电路中的各参数。

（2）根据测得的系统单位阶跃响应曲线，分析开环增益对系统动态特性及稳定性的影响。

七、实训思考题

对三阶系统，为使系统能稳定工作，开环增益 K 应适量取大还是取小？

实训四 线性定常系统的稳态误差

一、实训目的

（1）通过本实验，理解系统的跟踪误差与其结构、参数与输入信号的形式、幅值大小之间的关系；

（2）研究系统的开环增益 K 对稳态误差的影响；

（3）使用 Multisim 仿真软件对实验内容进行仿真。

二、实训设备

Multisim 仿真软件。

三、实训内容

（1）观测 0 型二阶系统的单位阶跃响应和单位斜坡响应，并实测它们的稳态误差；

（2）观测 I 型二阶系统的单位阶跃响应和单位斜坡响应，并实测它们的稳态误差；

（3）观测 II 型二阶系统的单位斜坡响应和单位抛物坡，并实测它们的稳态误差。

四、实训原理

控制系统的方框图通常如图 4-1 所示，其中 $G(s)$ 为系统前向通道的传递函数，$H(s)$ 为其反馈通道的传递函数。

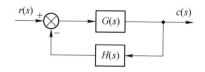

图 4-1 带反馈系统方框图

由图 4-1 求得：

$$E(s) = \frac{1}{1 + G(s)H(s)} r(s) \qquad (4\text{-}1)$$

由式（4-1）可知，系统的误差 $E(s)$ 不仅与其结构和参数有关，而且与输入信号 $r(s)$ 的形式和大小有关。如果系统稳定，且误差的终值存在，则可用下列的终值定理求取系统的稳态误差：

$$e_{ss} = \lim_{s \to 0} sE(s) \qquad (4\text{-}2)$$

本实验就是研究系统的稳态误差与上述因素间的关系。下面叙述 0 型、Ⅰ 型、Ⅱ 型系统对三种不同输入信号所产生的稳态误差 e_{ss}。

1. 0 型二阶系统

设 0 型二阶系统的方框图如图 4-2 所示。根据式（4-2），可以计算出该系统对阶跃和斜坡输入时的稳态误差：

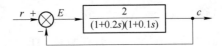

图 4-2　0 型二阶系统的方框图

（1）单位阶跃输入（$r(s) = \dfrac{1}{s}$）

$$e_{ss} = \lim_{s \to 0} s \times \frac{(1 + 0.2s)(1 + 0.1s)}{(1 + 0.2s)(1 + 0.1s) + 2} \times \frac{1}{s} = \frac{1}{3}$$

（2）单位斜坡输入（$r(s) = \dfrac{1}{s^2}$）

$$e_{ss} = \lim_{s \to 0} s \times \frac{(1 + 0.2s)(1 + 0.1s)}{(1 + 0.2s)(1 + 0.1s) + 2} \times \frac{1}{s^2} = \infty$$

上述结果表明：0 型系统只能跟踪阶跃输入，但有稳态误差存在。其计算公式为：

$$e_{ss} = \frac{R_0}{1 + K_p}$$

式中，$K_P \cong \lim\limits_{s \to 0} G(s)H(s)$；$R_0$ 为阶跃信号的幅值。其理论曲线如图 4-3（a）和（b）所示。

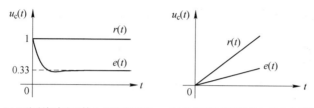

(a) 0 型系统对阶跃输入的稳态误差　(b) 0 型系统对斜坡输入的稳态误差

图 4-3　0 型系统对阶跃输入、斜坡输入的稳态误差

2. Ⅰ型二阶系统

设图 4-4 为Ⅰ型二阶系统的方框图。

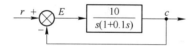

图 4-4　Ⅰ型二阶系统的方框图

（1）单位阶跃输入

$$E(s) = \frac{1}{1 + G(s)} r(s) = \frac{s(1 + 0.1s)}{s(1 + 0.1s) + 10} \times \frac{1}{s}$$

$$e_{ss} = \lim\limits_{s \to 0} \times \frac{s(1 + 0.1s)}{s(1 + 0.1s) + 10} \times \frac{1}{s} = 0$$

（2）单位斜坡输入

$$e_{ss} = \lim\limits_{s \to 0} s \times \frac{s(1 + 0.1s)}{s(1 + 0.1s) + 10} \times \frac{1}{s^2} = 0.1$$

这表明Ⅰ型系统的输出信号完全能跟踪阶跃输入信号，在稳态时其误差为零。对于单位斜坡信号输入，该系统的输出也能跟踪输入信

号的变化，且在稳态时两者的速度相等（即 $u_r = u_c = 1$），但有位置误差存在，其值为 $\dfrac{V_r}{K_V}$，其中 $K_V = \lim\limits_{s \to 0} sG(s)H(s)$，$V_r$ 为斜坡信号对时间的变化率。其理论曲线如图 4-5（a）和（b）所示。

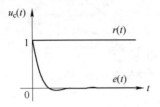 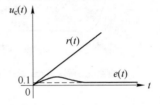

(a) Ⅰ型二阶系统对阶跃输入的稳态误差   (b) Ⅰ型二阶系统对斜坡输入的稳态误差

图 4-5　Ⅰ型二阶系统对阶跃输入、斜坡输入的稳态误差

3. Ⅱ型二阶系统

设图 4-6 为Ⅱ型二阶系统的方框图。

图 4-6　Ⅱ型二阶系统的方框图

同理可证明这种类型的系统输出均无稳态误差地跟踪单位阶跃输入和单位斜坡输入。当输入信号 $r(t) = \dfrac{1}{2}t^2$，即 $r(s) = \dfrac{1}{s^3}$ 时，其稳态误差为：

$$e_{ss} = \lim_{s \to 0} s \times \frac{s^2}{s^2 + 10(1 + 0.47s)} \times \frac{1}{s^3} = 0.1$$

当单位抛物波输入时，Ⅱ型二阶系统的理论稳态偏差曲线如图 4-7 所示。

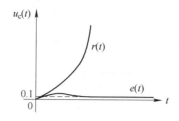

图 4-7　Ⅱ型二阶系统的抛物波稳态误差响应曲线

五、实训步骤

1. 0 型二阶系统

根据图 4-8 所示 0 型二阶系统的模拟电路图，选择 Multisim 的通用电路单元设计并组建相应的仿真电路，仿真电路及波形如图 4-9 所示。

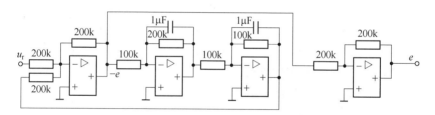

图 4-8　0 型二阶系统模拟电路图

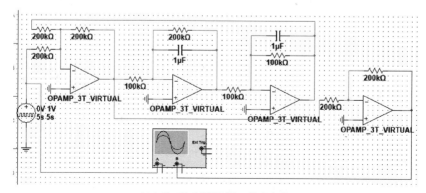

(a) 0型二阶系统阶跃输入仿真电路

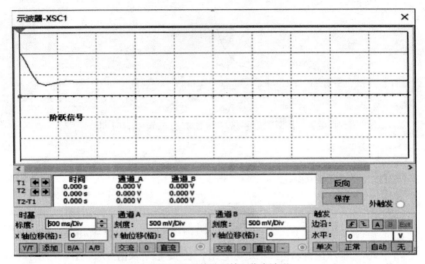

(b) 0 型二阶系统阶跃输入仿真波形

图 4-9   0 型二阶系统阶跃输入 Multisim 仿真电路和波形

当输入 u_r 为一单位阶跃信号时，用示波器观测图中 e 点并记录其实验曲线，并与理论偏差值进行比较，如图 4-9（b）所示。

当输入 u_r 为一单位斜坡信号时，用示波器观测图中 e 点并记录其实验曲线，并与理论偏差值进行比较，如图 4-10（b）所示。

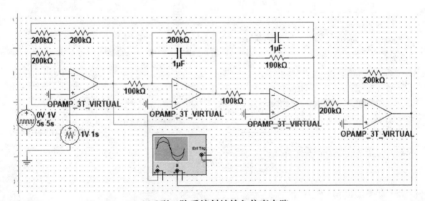

(a) 0 型二阶系统斜坡输入仿真电路

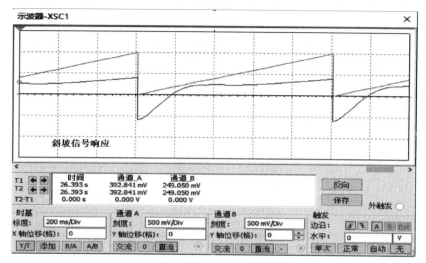

(b) 0 型二阶系统斜坡输入仿真波形

图 4-10 0 型二阶系统斜坡输入 Multisim 仿真电路和波形

注：单位斜坡信号的产生最好通过一个积分环节（时间常数为 1S）和一个反相器完成。

2. I 型二阶系统

根据图 4-11 所示 I 型二阶系统的模拟电路图，选择 Multisim 的通用电路单元设计并组建相应的仿真电路，如图 4-12 所示。

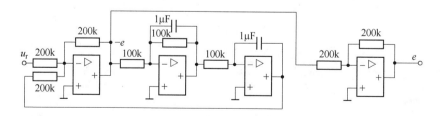

图 4-11 I 型二阶系统模拟电路图

当输入 u_r 为一单位阶跃信号时，用示波器观测图中 e 点并记录其实验曲线，并与理论偏差值进行比较，如图 4-12（b）所示。

当输入 u_r 为一单位斜坡信号时，用示波器观测图中 e 点并记录其实验曲线，并与理论偏差值进行比较，如图 4-12（c）所示。

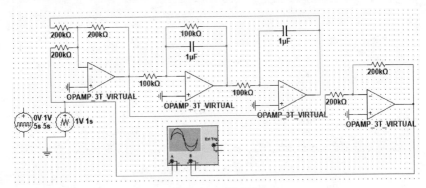

(a) I 型二阶系统仿真电路图

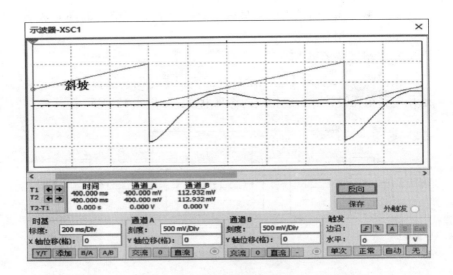

(b) I 型二阶系统阶跃输入仿真波形

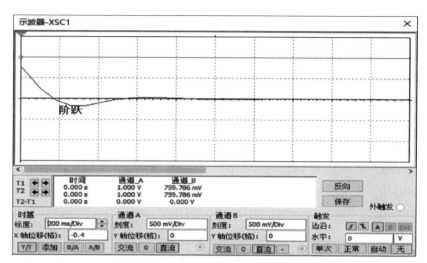

(c) Ⅰ型二阶系统斜坡输入仿真波形

图 4-12　Ⅰ型二阶系统仿真电路和阶跃、
斜坡输入 Multisim 仿真波形

3. Ⅱ型二阶系统

根据 4-13 所示Ⅱ型二阶系统的模拟电路图，选择 Multisim 的通用电路单元设计并组建相应的仿真电路，如图 4-14 所示。

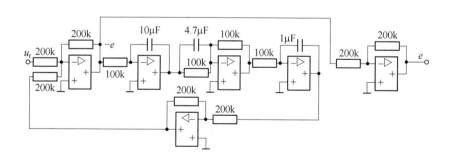

图 4-13　Ⅱ型二阶系统模拟电路图

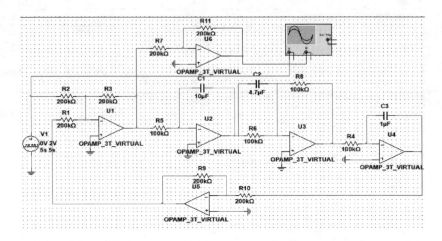

(a) Ⅱ型二阶系统仿真电路

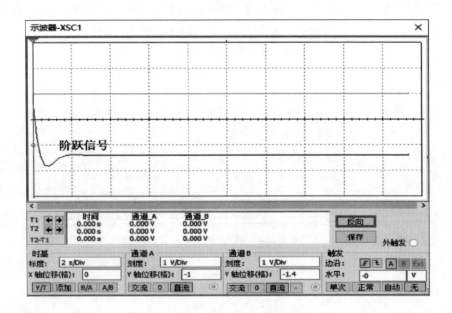

(b) Ⅱ型二阶系统阶跃输入仿真波形

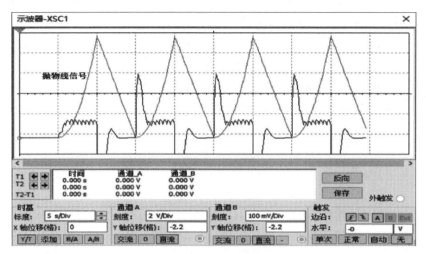

(c) Ⅱ型二阶系统斜坡输入仿真波形

图 4-14　Ⅱ型二阶系统仿真电路和阶跃、斜坡输入 Multisim 仿真波形

当输入 u_r 为一单位斜坡（或单位阶跃）信号时，用示波器观测图中 e 点并记录其实验曲线，并与理论偏差值进行比较，如图 4-14（b）所示。

当输入 u_r 为一单位抛物波信号时，用示波器观测图中 e 点并记录其实验曲线，并与理论偏差值进行比较，如图 4-14（c）所示。

注：（1）单位抛物波信号的产生最好通过两个积分环节（时间常数均为 1s）来构造。

（2）本实训中不主张用示波器直接测量给定信号与响应信号的曲线，因它们在时间上有一定的响应误差；

（3）在实训中，为了提高偏差 e 的响应带宽，可在二阶系统中的第一个积分环节并联一个 510k 的普通电阻。

六、实训报告要求

（1）画出 0 型二阶系统的方框图和模拟电路图，并由实验测得系统在单位阶跃和单位斜坡信号输入时的稳态误差。

（2）画出Ⅰ型二阶系统的方框图和模拟电路图，并由实验测得系统在单位阶跃和单位斜坡信号输入时的稳态误差。

（3）画出Ⅱ型二阶系统的方框图和模拟电路图，并由实验测得系统在单位斜坡和单位抛物线函数作用下的稳态误差。

（4）观察由改变输入阶跃信号的幅值和斜坡信号的速度对二阶系统稳态误差的影响，并分析其产生的原因。

七、实训思考题

（1）为什么0型系统不能跟踪斜坡输入信号？

（2）为什么0型系统在阶跃信号输入时一定有误差存在，决定误差的因素有哪些？

（3）为使系统的稳态误差减小，系统的开环增益应取大些、还是小些？

（4）系统的动态性能和稳态精度对开环增益 K 的要求是相矛盾的，在控制工程中应如何解决这对矛盾？

八、实训信号源

在 Multisim 元器件库中电源库里选择抛物线信号源（图4-15）。

图4-15　抛物线信号源

注：抛物线信号需自行模拟一组抛物线值。

实训五　典型环节和系统频率特性的测量

一、实训目的

（1）了解典型环节和系统的频率特性曲线的测试方法；
（2）根据实验求得的频率特性曲线求取传递函数；
（3）使用 Multisim 仿真软件对实验内容进行仿真。

二、实训设备

Multisim 仿真软件。

三、实训内容

（1）惯性环节的频率特性测试；
（2）二阶系统频率特性测试；
（3）无源滞后 – 超前校正网络的频率特性测试；
（4）由实验测得的频率特性曲线，求取相应的传递函数；
（5）用软件仿真的方法，求取惯性环节和二阶系统的频率特性。

四、实训原理

1. 系统（环节）的频率特性

设 $G(s)$ 为一最小相位系统（环节）的传递函数。如在它的输入端施加一幅值为 X_m、频率为 ω 的正弦信号，则系统的稳态输出为：

$$y = Y_m \sin(\omega t + \varphi) = X_m |G(j\omega)| \sin(\omega t + \varphi) \tag{5-1}$$

由上式得出系统输出，输入信号的幅值比相位差：

$$\frac{Y_m}{X_m} = \frac{X_m |G(j\omega)|}{X_m} = |G(j\omega)| \quad （幅频特性）$$

$$\varphi(\omega) = \angle G(j\omega) \quad\quad （相频特性）$$

式中，$|G(j\omega)|$ 和 $\varphi(\omega)$ 都是输入信号 ω 的函数。

2. 频率特性的测试方法

（1）李沙育图形法测试

1）幅频特性的测试

由于

$$|G(j\omega)| = \frac{Y_m}{X_m} = \frac{2Y_m}{2X_m}$$

改变输入信号的频率，即可测出相应的幅值比，并计算

$$L(\omega) = 20\lg A(\omega) = 20\lg \frac{2Y_m}{2X_m} \quad (dB)$$

其测试框图如图 5-1 所示。

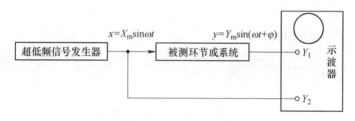

图 5-1　幅频特性的测试框图（李沙育图形法）

注：示波器同一时刻只输入一个通道，即系统（环节）的输入或输出。

2）相频特性的测试

令系统（环节）的输入信号为：

$$X(t) = X_m \sin\omega t \tag{5-2}$$

则其输出为

$$Y(t) = Y_m \sin(\omega t + \varphi) \tag{5-3}$$

对应的李沙育图形如图 5-2 所示。若以 t 为参变量，则 $X(t)$ 与 $Y(t)$ 所确定点的轨迹将在示波器的屏幕上形成一条封闭的曲线（通常为椭圆），当 $t=0$ 时，$X(0)=0$，由式（5-3）得：

$$Y(0) = Y_m \sin(\varphi) \tag{5-4}$$

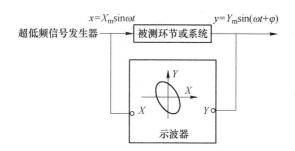

图 5-2 相频特性的测试图（李沙育图形法）

于是有

$$\varphi(\omega) = \arcsin \frac{Y(0)}{Y_m} = \arcsin \frac{2Y(0)}{2Y_m} \tag{5-5}$$

同理可得：

$$\varphi(\omega) = \arcsin \frac{2X(0)}{2X_m} \tag{5-6}$$

其中，$2Y(0)$ 为椭圆与 Y 轴相交点间的长度；$2X(0)$ 为椭圆与 X 轴相交点间的长度。

式（5-5）和式（5-6）适用于椭圆的长轴在一、三象限的情况。当椭圆的长轴在二、四象限时，相位 φ 的计算公式变为：

$$\varphi(\omega) = 180° - \arcsin \frac{2Y(0)}{2Y_m} \tag{5-7}$$

或

$$\varphi(\omega) = 180° - \arcsin \frac{2X(0)}{2X_m} \tag{5-8}$$

表 5-1 列出了超前与滞后时相位的计算公式和光点的转向。

表 5-1 超前与滞后时相位的计算公式和光点的转向

相角 φ	超　前		滞　后	
	$0° \sim 90°$	$90° \sim 180°$	$0° \sim 90°$	$90° \sim 180°$
图形				

续表 5-1

相角 φ	超　　前		滞　　后	
	$0° \sim 90°$	$90° \sim 180°$	$0° \sim 90°$	$90° \sim 180°$
计算公式	$\varphi = \arcsin 2Y_0 /$ $(2Y_m)$ $= \arcsin 2X_0 /$ $(2X_m)$	$\varphi = 180° - \arcsin 2Y_0 /$ $(2Y_m)$ $= 180° - \arcsin 2X_0 /$ $(2X_m)$	$\varphi = \arcsin 2Y_0 / (2Y_m)$ $= \arcsin 2X_0 / (2X_m)$	$\varphi = 180° - \arcsin 2Y_0 /$ $(2Y_m)$ $= 180° - \arcsin 2X_0 /$ $(2X_m)$
光点转向	顺时针	顺时针	逆时针	逆时针

2. 惯性环节

传递函数为：

$$G(s) = \frac{u_o(s)}{u_i(s)} = \frac{K}{Ts + 1} = \frac{1}{0.1s + 1} \qquad (5-9)$$

电路图如图 5-3 所示，其幅频特性的近似图如图 5-4 所示。

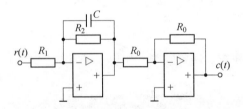

图 5-3　惯性环节的电路图

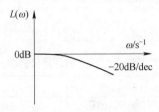

图 5-4　惯性环节的幅频特性

若图 5-4 中取 $C = 1\mu\text{F}$，$R_1 = 100\text{k}$，$R_2 = 100\text{k}$，$R_0 = 200\text{k}$，则系统的转折频率为 $f_T = \dfrac{1}{2\pi \times T} = 1.66\text{Hz}$。

3. 二阶系统

由图 5-5（$R_x = 100\text{k}$）可得系统的传递函数为：

$$W(s) = \frac{1}{0.2s^2 + s + 1} = \frac{5}{s^2 + 5s + 5} = \frac{\omega_n^2}{s^2 + 2\zeta\omega_n s + \omega_n^2} \tag{5-10}$$

$$\omega_n = \sqrt{5}, \quad \zeta = \frac{5}{2\sqrt{5}} = \frac{\sqrt{5}}{2} = 1.12 \text{（过阻尼）}$$

图 5-5　典型二阶系统的方框图

其模拟电路如图 5-6 所示，其中 R_x 可调。这里可取 100k（$\zeta > 1$）、10k（$0 < \zeta < 0.707$）两个典型值。

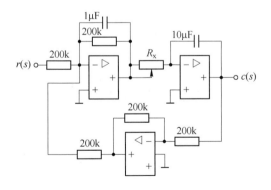

图 5-6　典型二阶系统的电路图

当 $R_x = 100\text{k}$ 时的幅频近似图如图 5-7 所示。

无源滞后 – 超前校正网络的模拟电路图如图 5-8 所示，其中 $R_1 =$

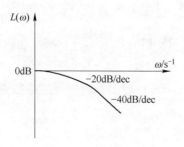

图 5-7　典型二阶系统的幅频特性（$\zeta > 1$）

$100\mathrm{k}$，$R_2 = 100\mathrm{k}$，$C_1 = 0.1\mu\mathrm{F}$，$C_2 = 1\mu\mathrm{F}$。

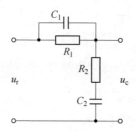

图 5-8　无源滞后-超前校正网络

其传递函数为：

$$G_{\mathrm{C}}(s) = \frac{(1 + R_2 C_2 s)(1 + R_1 C_1 s)}{(1 + R_2 C_2 s)(1 + R_1 C_1 s) + R_1 C_2 s}$$

$$= \frac{(T_1 s_1 + 1)(T_2 s + 1)}{T_1 T_2 s^2 + (T_1 + T_2 + T_{12})s + 1} \tag{5-11}$$

式中，$T_1 = R_1 C_1$，$T_2 = R_2 C_2$，$T_{12} = R_1 C_2$。

将上式改为：

$$G(s) = \frac{(T_1 s + 1)(T_2 s + 1)}{(\tau_1 s + 1)(\tau_2 s + 1)} \tag{5-12}$$

对比式（5-11）和式（5-12），得：

$$\tau_1 \cdot \tau_2 = T_1 T_2 \tag{5-13}$$

$$\tau_1 + \tau_2 = T_1 + T_2 + T_{12} \tag{5-14}$$

由给定的 R_1、C_1 和 R_2、C_2，求得 $T_1 = 0.01\mathrm{s}$，$T_2 = 0.1\mathrm{s}$，$T_{12} = 0.1\mathrm{s}$。代入上述两式，解得 $\tau_1 = 4.87 \times 10^{-3}\mathrm{s}$，$\tau_2 = 0.2051\mathrm{s}$。于是得：

$$\frac{T_1}{\tau_1} = \frac{\tau_2}{T_2} = \beta \approx 2 \tag{5-15}$$

这样式（5-12）又可改写为：

$$G(s) = \frac{(T_1 s + 1)(T_2 s + 1)}{(\beta T_2 s + 1)\left(\dfrac{T_1}{\beta} s + 1\right)} \tag{5-16}$$

则式 5-16 的幅频近似图如图 5-9 所示。

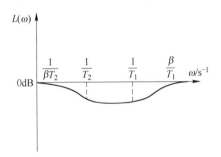

图 5-9　无源滞后-超前校正网络的幅频特性

五、实训步骤

1. 惯性环节

（1）根据图 5-10 所示惯性环节的电路图，选择 Multisim 上的电路单元设计并组建相应的仿真电路图，如图 5-11（a）所示。其中电路的输入端选择 AC_POWER，电路的输出端接波特测试仪；同时，将信号源的输出端接波特测试仪。

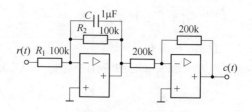

图 5-10　惯性环节的电路图

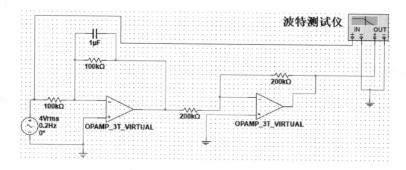

(a) 惯性环节的仿真电路

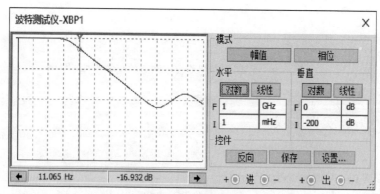

(b) 惯性环节的仿真波形

图 5-11　惯性环节的 Multisim 仿真电路和波形

2. 二阶系统

根据图 5-12 所示典型二阶系统的电路图，选择 Multisim 上的通用电路单元设计并组建相应的仿真电路，如图 5-13（a）所示。

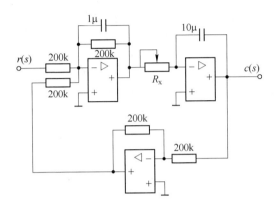

图 5-12　典型二阶系统的电路图

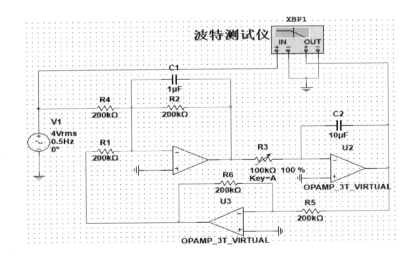

(a) 典型二阶系统的仿真电路

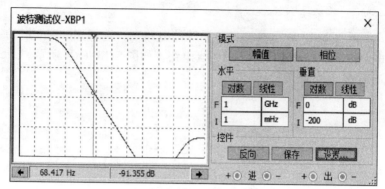

(b) 典型二阶系统的仿真波形

图 5-13　典型二阶系统的 Multisim 仿真电路和波形

（1）当 $R_X = 100\text{k}$ 时，具体步骤请参考惯性环节的相关操作，最后的终至频率 2Hz 即可。

（2）当 $R_X = 10\text{k}$ 时，具体步骤请参考惯性环节的相关操作，最后的终至频率为 5Hz 即可。

3. 无源滞后-超前校正网络

根据图 5-14 所示无源滞后-超前校正网络的电路图，选择 Multisim 电路单元设计并组建其仿真电路，如图 5-14 所示。

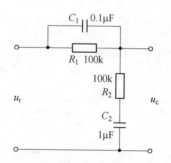

图 5-14　无源滞后-超前校正网络电路

具体步骤请参考惯性环节的相关操作，最后的终至频率为 100Hz 即可。

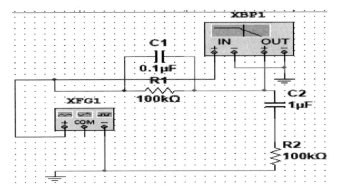

(a) 无源滞后-超前校正网络仿真电路

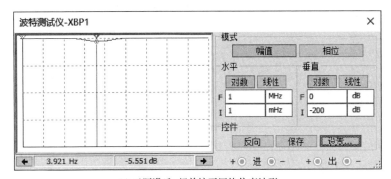

(a) 无源滞后-超前校正网络仿真波形

图 5-15　无源滞后-超前校正网络 Multisim 仿真电路和波形

4. 实验报告

根据实验存储的波形，完成实验报告。

六、实训报告要求

（1）写出被测环节和系统的传递函数，并画出相应的模拟电路图。

（2）把实验测得的数据和理论计算数据列表，绘出它们的 Bode 图，并分析实测的 Bode 图产生误差的原因。

（3）根据由实验测得的二阶系统闭环幅频特性曲线，写出该系统的传递函数，并把计算所得的谐振峰值和谐振频率与实验结果相比较。

（4）绘出被测环节和系统的幅频特性。

七、实训思考题

（1）在实验中，如何选择输入正弦信号的幅值？

（2）用示波器测试相频特性时，若把信号发生器的正弦信号送入 Y 轴，被测系统的输出信号送至 X 轴，则根据椭圆光点的转动方向，如何确定相位的超前和滞后？

（3）根据 Multisim 测得的 Bode 图的幅频特性，就能确定系统（或环节）的相频特性。试问这在什么系统中才能实现？

实训六　线性定常系统的串联校正

一、实训目的

（1）通过实验，理解所加校正装置的结构、特性和对系统性能的影响；

（2）掌握串联校正几种常用的设计方法和对系统的实时调试技术；

（3）使用 Multisim 仿真软件对实验内容进行仿真。

二、实训设备

Multisim 仿真软件。

三、实训内容

（1）观测未加校正装置时系统的动、静态性能；

（2）按动态性能的要求，分别用时域法或频域法（期望特性）设计串联校正装置；

（3）观测引入校正装置后系统的动、静态性能，并予以实时调试，使之动、静态性能均满足设计要求；

（4）利用 Multisim 软件，分别对校正前和校正后的系统进行仿真，并与上述模拟系统实验的结果相比较。

四、实训原理

图 6-1 为一加入串联校正后的系统方框图，校正装置 $G_c(s)$ 与被控对象 $G_o(s)$ 为串联连接。

串联校正有以下三种形式：

（1）超前校正。这种校正是利用超前校正装置的相位超前特性来改善系统的动态性能。

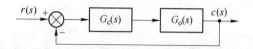

图 6-1　加入串联校正后的系统方框图

（2）滞后校正。这种校正是利用滞后校正装置的高频幅值衰减特性，使系统在满足稳态性能的前提下又能满足其动态性能的要求。

（3）滞后超前校正。由于这种校正既有超前校正的特点，又有滞后校正的优点，因而适用系统需要同时改善稳态和动态性能的场合。校正装置有无源和有源两种。基于后者与被控对象相连接时，不存在着负载效应，故得到广泛应用。

下面介绍两种常用的校正方法：零极点对消法（也称时域法；采用超前校正）和期望特性校正法（采用滞后校正）。

（一）零极点对消法（时域法）

所谓零极点对消法就是使校正变量 $G_c(s)$ 中的零点抵消被控对象 $G_o(s)$ 中不希望的极点，以使系统的动、静态性能均能满足设计要求。设校正前系统的方框图如图 6-2 所示。

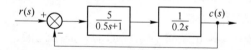

图 6-2　二阶闭环系统的方框图

1. 性能要求

静态速度误差系数：$K_v = 25 1/s$，超调量：$\delta_p \leqslant 0.2$；上升时间：$t_s \leqslant 1s$。

2. 校正前系统的性能分析

校正前系统的开环传递函数为：

$$G_o(s) = \frac{5}{0.2s(0.5s+1)} = \frac{25}{s(0.5s+1)}$$

系统的速度误差系数为：$K_v = \lim_{s \to 0} s G_o(s) = 25$，刚好满足稳态的要求。

根据系统的闭环传递函数：

$$\Phi(s) = \frac{G_o(s)}{1 + G_o(s)} = \frac{50}{s^2 + 2s + 50} = \frac{\omega_n^2}{s^2 + 2\zeta\omega_n s + \omega_n^2}$$

求得 $\omega_n = \sqrt{50}$，$2\zeta\omega_n = 2$，$\zeta = \dfrac{1}{\omega_n} = \dfrac{1}{\sqrt{50}} = 0.14$，代入二阶系统超调量 δ_p 的计算公式，即可确定该系统的超调量 δ_p，即：

$$\delta_p = e^{-\frac{\zeta\tau}{\sqrt{1-\zeta^2}}} = 0.63, \quad t_s \approx \frac{3}{\zeta\omega_n} = 3\text{s} \quad (\Delta = \pm 0.05)$$

这表明，当系统满足稳态性能指标 K_v 的要求后，其动态性能距设计要求甚远。为此，必须在系统中加一合适的校正装置，以使校正后系统的性能同时满足稳态和动态性能指标的要求。

3. 校正装置的设计

根据对校正后系统的性能指标要求，确定系统的 ζ 和 ω_n。即由

$$\delta_p \leq 0.2 = e^{-\frac{\zeta\tau}{\sqrt{1-\zeta^2}}}, \quad \text{求得 } \zeta \geq 0.5$$

$$t_s \approx \frac{3}{\zeta\omega_n} \leq 1\text{s} \quad (\Delta = \pm 0.05), \quad \text{解得 } \omega_n \geq \frac{3}{0.5} = 6$$

根据零极点对消法则，令校正装置的传递函数

$$G_c(s) = \frac{0.5s + 1}{Ts + 1}$$

则校正后系统的开环传递函数为：

$$G(s) = G_c(s)G_o(s) = \frac{0.5s + 1}{Ts + 1} \times \frac{25}{s(0.5s + 1)} = \frac{25}{s(Ts + 1)}$$

相应的闭环传递函数为：

$$\varphi(s) = \frac{G(s)}{G(s) + 1} = \frac{25}{Ts^2 + s + 25} = \frac{25/T}{s^2 + s/T + 25/T}$$

$$= \frac{\omega_n^2}{s^2 + 2\zeta\omega_n s + \omega_n^2}$$

于是有：$\omega_n^2 = \dfrac{25}{T}$，$2\zeta\omega_n = \dfrac{1}{T}$。

为使校正后系统的超调量 $\delta_p \leqslant 20\%$，这里取 $\zeta = 0.5$（$\delta_p \approx 16.3\%$），则 $2 \times 0.5 \sqrt{\dfrac{25}{T}} = \dfrac{1}{T}$，$T = 0.04\text{s}$。

这样所求校正装置的传递函数为：

$$G_o(s) = \frac{0.5s + 1}{0.04s + 1}$$

设校正装置 $G_c(s)$ 的模拟电路如图 6-3 或图 6-4（实验时可选其中一种）所示。

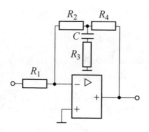

图 6-3   校正装置的电路图 a

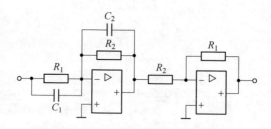

图 6-4   校正装置的电路图 b

图 6-3 中 $R_2 = R_4 = 200\text{k}$，$R_1 = 400\text{k}$，$R_3 = 10\text{k}$，$C = 4.7\mu\text{F}$ 时，有：

$$T = R_3C = 10 \times 10^3 \times 4.7 \times 10^6 \approx 0.04\text{s}$$

$$\frac{R_2R_3 + R_2R_4 + R_3R_4}{R_2 + R_4} \times C = \frac{2000 + 40000 + 2000}{400} \times 4.7 \times 10^{-6} \approx 0.5$$

则有

$$G_o(s) = \frac{R_2 + R_4}{R_1} \times \frac{1 + \dfrac{R_2R_3 + R_2R_4 + R_3R_4}{R_2 + R_4}Cs}{R_3Cs + 1} = \frac{0.5s + 1}{0.04s + 1}$$

而图 6-4 中 $R_1 = 510\mathrm{k}$，$C_1 = 1\mu\mathrm{F}$，$R_2 = 390\mathrm{k}$，$C_2 = 0.1\mu\mathrm{F}$ 时，有：

$$G_o(s) = \frac{R_1C_1s + 1}{R_2C_2s + 1} = \frac{0.51s + 1}{0.039s + 1} \approx \frac{0.5s + 1}{0.04s + 1}$$

图 6-5（a）、（b）分别为二阶系统校正前、校正后系统的单位阶跃响应的示意曲线。

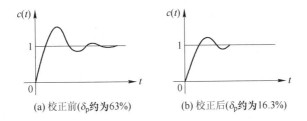

(a) 校正前（δ_p 约为 63%）　　　　(b) 校正后（δ_p 约为 16.3%）

图 6-5　加校正装置前后二阶系统的阶跃响应曲线

（二）期望特性校正法

根据图 6-1 以及给定的性能指标，确定期望的开环对数幅频特性 $L(\omega)$，并令它等于校正装置的对数幅频特性 $L_c(\omega)$ 和未校正系统开环对数幅频特性 $L_o(\omega)$ 之和，即：

$$L(\omega) = L_c(\omega) + L_o(\omega)$$

已知期望开环对数幅频特性 $L(\omega)$ 和未校正系统的开环幅频特性 $L_o(\omega)$，就可以从 Bode 图上求出校正装置的对数幅频特性

$$L_c(\omega) = L(\omega) - L_o(\omega)$$

据此，可确定校正装置的传递函数，具体说明如下：

设校正前系统为图 6-6 所示，这是一个 0 型二阶系统。

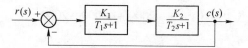

图 6-6　二阶系统的方框图

其开环传递函数为：

$$G_o(s) = \frac{K_1 K_2}{(T_1 s + 1)(T_2 s + 1)} = \frac{2}{(s+1)(0.2s+1)}$$

其中 $T_1 = 1$，$T_2 = 0.2$，$K_1 = 1$，$K_2 = 2$，$K = K_1 K_2 = 2$；则相应的模拟电路如图 6-7 所示。

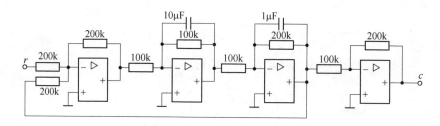

图 6-7　二阶系统的模拟电路图

由于图 6-7 所示为一个 0 型二阶系统，当系统输入端输入一个单位阶跃信号时，系统会有一定的稳态误差，其误差的计算方法请参考实验四"线性定常系统的稳态误差"。

1. 校正后系统的性能指标

设系统的超调量：$\delta_p \leqslant 10\%$，速度误差系数 $K_v \geqslant 2$。

后者表示校正后的系统为 I 型二阶系统，使它跟踪阶跃输入无稳态误差。

2. 设计步骤

（1）绘制未校正系统的开环对数幅频特性曲线，由图 6-6 可得：

$$L_o(\omega) = 20\lg 2 - 20\lg\sqrt{1 + \left(\frac{\omega}{1}\right)^2} - 20\lg\sqrt{1 + \left(\frac{\omega}{5}\right)^2}$$

其对数幅频特性曲线如图 6-8 的曲线 L_o（虚线）所示。

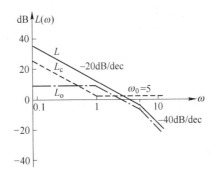

图 6-8　二阶系统校正前、校正后的幅频特性曲线

（2）根据对校正后系统性能指标的要求，取 $\delta_p = 4.3\% \leqslant 10\%$，$K_v = 2.5 \geqslant 2$，相应的开环传递函数为：

$$G(s) = \frac{2.5}{s(1 + 0.2s)}$$

其频率特性为：

$$G(j\omega) = \frac{2.5}{j\omega \left(1 + \dfrac{j\omega}{5}\right)}$$

据此绘出 $L(\omega)$ 曲线（$K_v = \omega_c = 2.5$，$\omega_1 = 5$），如图 6-8 中曲线 L 所示。

（3）求 $G_c(s)$。因为 $G(s) = G_c(s) \times G_o(s)$，所以

$$G_c(s) = \frac{G(s)}{G_o(s)} = \frac{2.5}{s(1 + 0.2s)} \times \frac{(1 + s)(1 + 0.2s)}{2} = \frac{1.25(1 + s)}{s}$$

由上式表示校正装置 $G_c(s)$ 是 PI 调节器，它的模拟电路如图 6-9 所示。由于

$$G_c(s) = \frac{-U_c(s)}{U_r(s)} = \frac{R_2}{R_1} \times \frac{1 + R_2 Cs}{1 + R_1 Cs} = K\frac{\tau s + 1}{\tau s}$$

其中，取 $R_1 = 80\text{k}$（实际电路中取 82k），$R_2 = 100\text{k}$，$C = 10\mu\text{F}$，则 $\tau = R_2 C = 1\text{s}$，$K = \dfrac{R_2}{R_1} = 1.25$；校正后系统的方框图如图 6-10 所示。

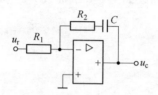

图 6-9　PI 校正装置的模拟电路图

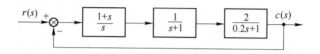

图 6-10　二阶系统校正后的方框图

图 6-11（a）、（b）分别为二阶系统校正前、校正后系统的单位阶跃响应的示意曲线。

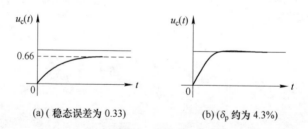

(a)（稳态误差为 0.33）　　　　　(b)（δ_p 约为 4.3%）

图 6-11　加校正装置前后二阶系统的阶跃响应曲线

五、实训步骤

（一）零极点对消法（时域法）进行串联校正

1. 校正前

根据图 6-12 所示二阶系统的模拟电路图，选择 Multisim 上的通用电路单元设计并组建相应的仿真电路，如图 6-13（a）所示。

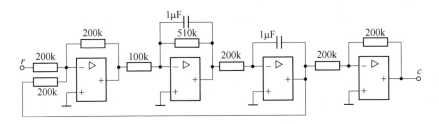

图 6-12　二阶闭环系统的模拟电路（时域法）

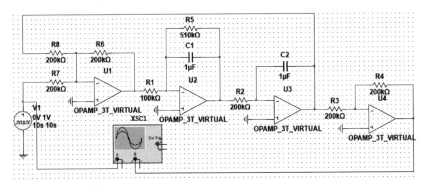

(a) 二阶闭环系统的仿真电路（时域法）

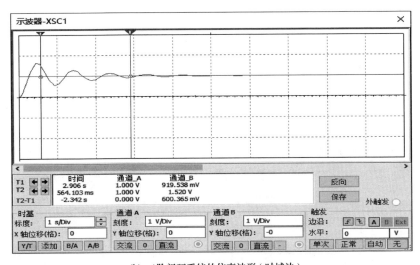

(b) 二阶闭环系统的仿真波形（时域法）

图 6-13　二阶闭环系统的 Multisim 仿真电路和波形（时域法）

在 r 输入端输入一个单位阶跃信号，用 Multisim 软件观测并记录相应的实验曲线，并与理论值进行比较。

2. 校正后

在图 6-12 中电路的基础上加上一个串联校正装置（见图 6-3），得到 6-14 所示的校正后的模拟电路图。通过 6-14 的模拟电路得到 Multisim 仿真电路如图 6-15（a）所示。

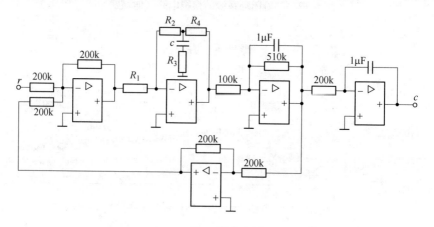

图 6-14　二阶闭环系统校正后的模拟电路图（时域法）

$R_2 = R_4 = 200k$；$R_1 = 400k$（实际取 390k）；$R_3 = 10k$；$C = 4.7\mu F$

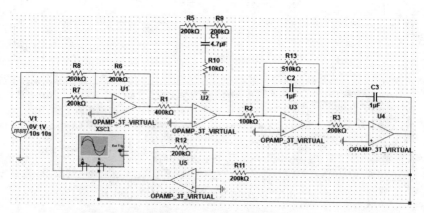

(a) 二阶闭环系统校正后的仿真电路（时域法）

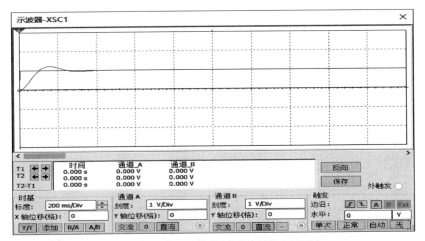

(b) 二阶闭环系统校正后的仿真波形（时域法）

图 6-15　二阶闭环系统校正后的 Multisim 仿真
电路和波形（时域法）

在系统输入端输入一个单位阶跃信号，用 Multisim 软件观测并记录相应的实验曲线，与理论值进行比较，观测 δ_p 是否满足设计要求。

注：做本实验时，也可选择图 6-14 中对应的校正装置，510k 和 390k 电阻需用电位器来设置。

（二）期望特性校正法

1. 校正前

根据图 6-16 二阶系统的模拟电路图，选择 Multisim 的通用电路单元设计并组建相应的仿真电路，如图 6-17（a）所示。

在系统输入端输入一个单位阶跃信号，用 Multisim 软件观测并记录相应的实验曲线，并与理论值进行比较。

2. 校正后

在图 6-12 的基础上加上一个 PI 校正装置（见图 6-9），校正后的

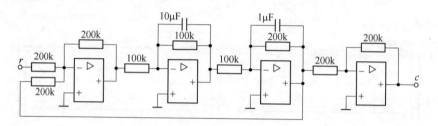

图 6-16   二阶闭环系统的模拟电路图（频域法）

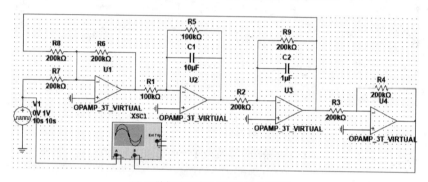

(a) 二阶闭环系统的仿真电路（频域法）

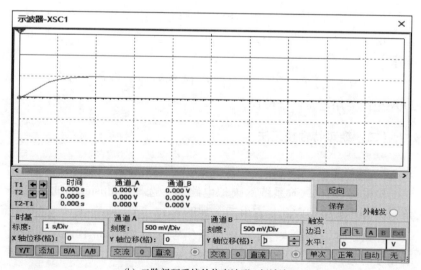

(b) 二阶闭环系统的仿真波形（频域法）

图 6-17   二阶闭环系统的 Multisim 仿真电路和波形图（频域法）

系统如图6-18所示，对其搭建Multisim的仿真，如图6-19所示。

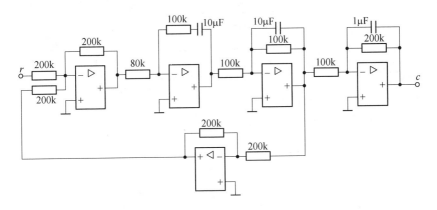

图6-18　二阶闭环系统校正后的模拟电路图（频域法）

注：80k电阻在实际电路中阻值可取82k。

在系统输入端输入一个单位阶跃信号，用Multisim软件观测并记录相应的实验曲线，并与理论值进行比较，观测δ_p和t_s是否满足设计要求，如图6-19所示。

六、实训报告要求

（1）根据对系统性能的要求，设计系统的串联校正装置，并画出它的电路图。

（2）根据实验结果，画出校正前系统的阶跃响应曲线及相应的动态性能指标。

（3）观测引入校正装置后系统的阶跃响应曲线，并将由实验测得的性能指标与理论计算值进行比较。

（4）实时调整校正装置的相关参数，使系统的动、静态性能均满足设计要求，并分析相应参数的改变对系统性能的影响。

七、实训思考题

（1）加入超前校正装置后，为什么系统的瞬态响应会变快？

（2）什么是超前校正装置和滞后校正装置，它们各利用校正装

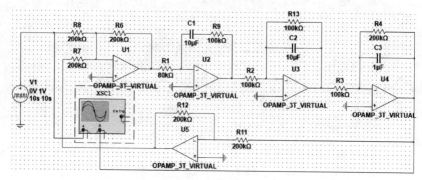

(a) 二阶闭环系统校正后的仿真电路（频域法）

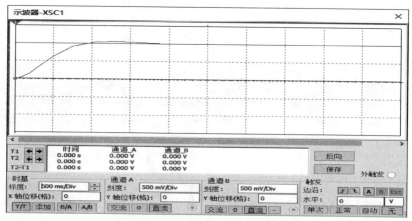

(b) 二阶闭环系统校正后的仿真波形（频域法）

图 6-19　二阶闭环系统校正后的 Multisim 仿真电路和波形（频域法）

置的什么特性对系统进行校正？

（3）实验时所获得的性能指标为何与设计确定的性能指标有偏差？

实训七　典型非线性环节的静态特性

一、实训目的

（1）了解典型非线性环节输出-输入的静态特性及其相关的特征参数；

（2）掌握典型非线性环节用模拟电路实现的方法；

（3）使用 Multisim 仿真软件对实验内容进行仿真。

二、实训设备

Multisim 仿真软件。

三、实训内容

（1）继电器型非线性环节静特性的电路模拟；

（2）饱和型非线性环节静特性的电路模拟；

（3）具有死区特性非线性环节静特性的电路模拟；

（4）具有间隙特性非线性环节静特性的电路模拟。

四、实训原理

控制系统中的非线性环节有很多种，最常见的有饱和特性、死区特性、继电器特性和间隙特性。基于这些特性对系统的影响各不相同，因而了解它们的输出-输入的静态特性，将有助于对非线性系统的分析研究。

1. 继电型非线性环节

图 7-1 所示为继电器型非线性特性的模拟电路和静态特性。

继电器特性参数 M 是由双向稳压管的稳压值（4.9～6V）和后级运放的放大倍数（R_x/R_1）决定的，调节可变电位器 R_x 的阻值，就能很方便地改变 M 值的大小。输入信号 u_{ri} 用正弦信号（频率一般

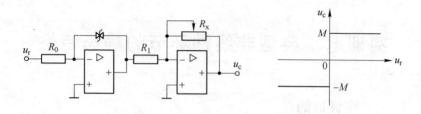

图 7-1   继电器型非线性环节模拟电路及其静态特性

均小于 10Hz）作为测试信号。实验时，用示波器的李沙育显示模式进行观测。

2. 饱和型非线性环节

图 7-2 所示为饱和型非线性环节的模拟电路及其静态特性。

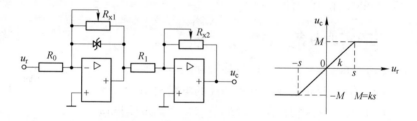

图 7-2   饱和型非线性环节模拟电路及其静态特性

图中饱和型非线性特性的饱和值 M 等于稳压管的稳压值（4.9~6V）与后一级放大倍数的乘积。线性部分斜率 k 等于两级运放增益之积。改变前一级运放中电位器的阻值，可改变 k 值的大小；而改变后一级运放中电位器的阻值，则可同时改变 M 和 k 值的大小。

实验时，可以用正弦信号作为测试信号，注意信号频率的选择应足够低（一般小于 10Hz）。用示波器的李沙育显示模式进行观测。

3. 具有死区特性的非线性环节

图 7-3 所示为死区特性非线性环节的模拟电路及其静态特性。

图中后一运放为反相器。由图中输入端的限幅电路可知，二极管 D_1（或 D_2）导通时的临界电压 u_{r0} 为：

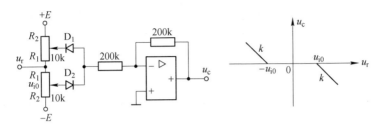

图 7-3　死区特性非线性环节的模拟电路及其静态特性

$$u_{r0} = \pm \frac{R_1}{R_2}E = \pm \frac{\alpha}{1-\alpha}E \qquad (7-1)$$

式中，$\alpha = \dfrac{R_1}{R_1 + R_2}$；在临界状态时：$\dfrac{R_2}{R_1 + R_2}u_{r0} = \pm \dfrac{R_1}{R_1 + R_2}E$。

当 $|u_r| > |u_{r0}|$ 时，二极管 D_1（或 D_2）导通，此时电路的输出电压为

$$u_c = \pm \frac{R_2}{R_1 + R_2}(u_i - u_{r0}) = \pm (1-\alpha)(u_r - u_{r0})$$

令 $k = (1-\alpha)$，则上式变为：

$$u_c = \pm k(u_r - u_{r0}) \qquad (7-2)$$

反之，当 $|u_i| \leqslant |u_{i0}|$ 时，二极管 D_1（或 D_2）均不导通，电路的输出电压 u_0 为零。显然，该非线性电路的特征参数为 k 和 u_{i0}。只要调节 α，就能实现改变 k 和 u_{r0} 的大小。

实验时，可以用正弦信号作为测试信号，注意信号频率的选择应足够低（一般小于 10Hz）。用示波器的李沙育显示模式进行观测。

4. 具有间隙特性的非线性环节

间隙特性非线性环节的模拟电路图及静态特性如图 7-4 所示。

由图 7-4 可知，当 $u_r < \dfrac{\alpha}{1-\alpha}E$ 时，二极管 D_1 和 D_2 均不导通，电容 C_1 上没有电压，即 U_C（C_1 两端的电压）$= 0$，$u_0 = 0$；当 $u_r > \dfrac{\alpha}{1-\alpha}E$ 时，二极管 D_2 导通，u_r 向 C_1 充电，其电压为

$$u_c = \pm(1-\alpha)(u_r - u_{r0})$$

令 $k = (1-\alpha)$，则上式变为：

$$u_c = \pm k(u_r - u_{r0})$$

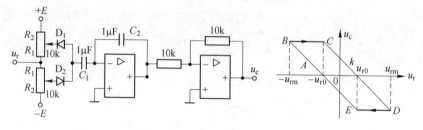

图 7-4   间隙特性非线性环节的模拟电路及其静态特性

当 $u_r = u_{rm}$ 时，u_r 开始减小，由于 D_1 和 D_2 都处于截止状态，电容 C_1 端电压保持不变，此时 C_1 上的端电压和电路的输出电压分别为

$$u_C = (1-\alpha)(u_{rm} - u_{r0})$$
$$u_c = k\ (u_{rm} - u_{r0})$$

当 $u_r = u_{rm} - u_{r0}$ 时，二极管 D_1 处于临界导通状态，若 u_r 继续减小，则二极管 D_1 导通，此时 C_1 放电，U_C 和 U_0 都将随着 u_r 减小而下降，即

$$u_C = (1-\alpha)(u_{rm} + u_{r0})\,; u_c = k(u_{rm} + u_{r0})$$

当 $u_r = -u_{r0}$ 时，电容 C_1 放电完毕，输出电压 $u_c = 0$。同理可分析当 u_r 向负方向变化时的情况。在实验中，只要改变 α 值，就可改变 k 和 u_{r0} 的值。

实验时，可以用正弦信号作为测试信号，注意信号频率的选择。用示波器的李沙育显示模式进行观测。

五、实训步骤

1. 继电器型非线性环节

继电器非线性环节模拟电路如图 7-5 所示，继电器非线性环节的 Multisim 仿真电路如图 7-6 所示。

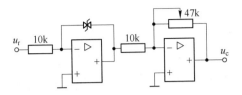

图 7-5　继电型非线性环节模拟电路

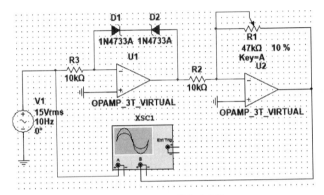

(a) 继电型非线性环节仿真电路

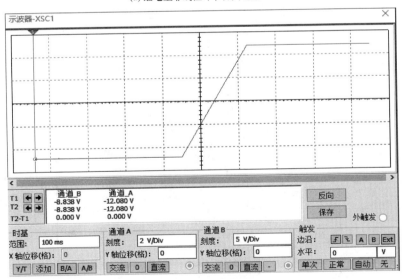

(b) 继电型非线性环节仿真波形

图 7-6　继电型非线性环节 Multisim 仿真电路和波形

电路单元为非线性单元和电位器组

在 u_i 输入端输入一个低频率的正弦波，正弦波的 V_{p-p} 值大于 12V，频率为 10Hz。u_r 端接至示波器的第一通道，u_c 端接至示波器的第二通道。测量静态特性 M 值的大小并记录：

（1）当 47k 可调电位器调节至约 1.8k（$M=1$）时；

（2）当 47k 可调电位器调节至约 3.6k（$M=2$）时；

（3）当 47k 可调电位器调节至约 5.4k（$M=3$）时；

（4）当 47k 可调电位器调节至约 10k（$M=6$ 左右）时。

2. 饱和型非线性环节

饱和型非线性环节的模拟电路如图 7-7 所示，饱和非线性环节的 Multisim 仿真如图 7-8 所示。

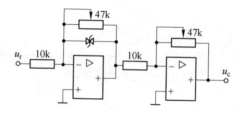

图 7-7　饱和型非线性环节模拟电路

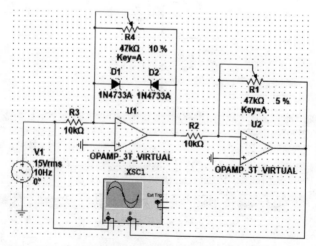

(a) 饱和型非线性环节仿真电路

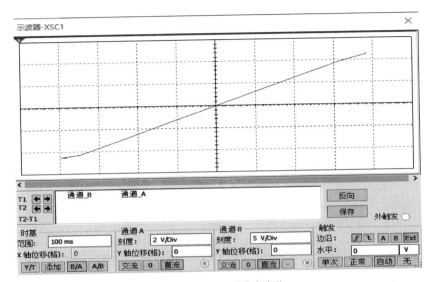

(b) 饱和型非线性环节仿真波形

图 7-8　饱和型非线性环节 Multisim 仿真电路和波形

电路单元为非线性单元和电位器组。

在 u_r 输入端输入一个低频率的正弦波，正弦波的 V_{p-p} 值大于 12V，频率为 10Hz。将前一级运放中的电位器电阻值调至 10k（此时 $k=1$），u_r 端接至示波器的第一通道，u_c 端接至示波器的第二通道，测量静态特性 M 和 k 值的大小并记录：

（1）当后一级运放中的电位器电阻值调至约 1.8k（$M=1$）时；

（2）当后一级运放中的电位器电阻值调至约 3.6k（$M=2$）时；

（3）当后一级运放中的电位器电阻值调至约 5.4k（$M=3$）时；

（4）当后一级运放中的电位器电阻值调至约 10k 时。

3. 死区特性非线性环节

死区型非线性环节的模拟电路如图 7-9 所示，死区非线性环节的 Multisim 仿真如图 7-10 所示。

电路单元为非线性单元、反相器单元和电位器组。

在 u_i 输入端输入一个低频率的正弦波，正弦波的 V_{p-p} 值大于 12V，

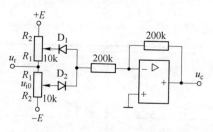

图 7-9　死区特性非线性环节模拟电路

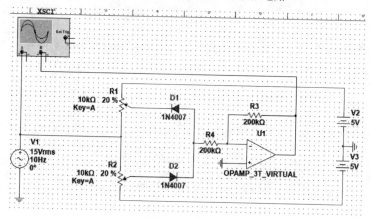

(a) 死区特性非线性环节仿真电路

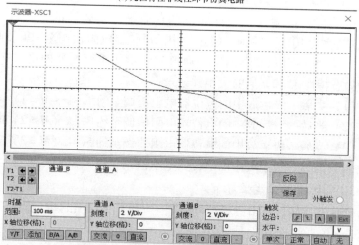

(b) 死区特性非线性环节仿真波形

图 7-10　死区特性非线性环节 Multisim 仿真电路和波形

频率为 10Hz。u_r 端接至示波器的第一通道，u_c 端接至示波器的第二通道，测量静态特性 u_{i0} 和 k 值的大小并记录：

（1）调节两个可变电位器，当两个 $R_1 = 2.0k$，$R_2 = 8.0k$ 时；

（2）调节两个可变电位器，当两个 $R_1 = 2.5k$，$R_2 = 7.5k$ 时。

注：本实验的 $\pm E$ 值也可采用 $\pm 5V$。

4. 具有间隙特性非线性环节

间隙型非线性环节的模拟电路如图 7-11 所示，间隙非线性环节的 Multisim 仿真如图 7-12 所示。

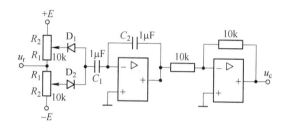

图 7-11 间隙特性非线性环节模拟电路

电路单元为非线性单元、通用单元 5、通用单元 6 和电位器组。

在 u_r 输入端输入一个低频率的正弦波，正弦波的 V_{p-p} 值大于 12V，频率为 10Hz。u_r 端接至示波器的第一通道，u_c 端接至示波器的第二通道。测量静态特性 u_{i0} 和 k 值的大小并记录：

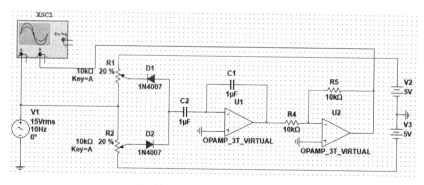

(a) 间隙特性非线性环节仿真电路

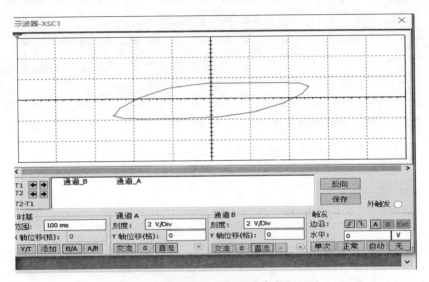

(b) 间隙特性非线性环节仿真波形

图 7-12   间隙特性非线性环节 Multisim 仿真电路和波形

（1）调节两个可变电位器，当两个 $R_1 = 2.0k$，$R_2 = 8.0k$ 时；

（2）调节两个可变电位器，当两个 $R_1 = 2.5k$，$R_2 = 7.5k$ 时；

注意由于元件（二极管、电阻等）参数数值的分散性，造成电路不对称，因而引起电容上电荷累积，影响实验结果，故每次实验启动前，需对电容进行短接放电。

注：本实验的 $\pm E$ 值也可采用 $\pm 5V$。

六、实训报告要求

（1）画出各典型非线性环节的模拟电路图，并选择好相应的参数；

（2）根据实验，绘制相应非线性环节的实际静态特性，并与理想情况下的静态特性相比较，分析电路参数对特性曲线的影响？

七、实训思考题

（1）模拟继电型电路的特性与理想特性有何不同，为什么？

（2）死区非线性环节中二极管的临界导通电压 U_{r0} 是如何确定的？

实训八　非线性系统的描述函数法

一、实训目的

（1）进一步熟悉非线性控制系统的电路模拟方法；

（2）掌握用描述函数法分析非线性控制系统；

（3）通过实验进一步了解非线性系统产生自持振荡的条件和非线性参数对系统性能的影响；

（4）使用 Multisim 仿真软件对实验内容进行仿真。

二、实训设备

Multisim 仿真软件。

三、实训内容

（1）用描述函数法分析继电器型非线性三阶系统的稳定性，并由实验测量自持振荡的振幅和频率；

（2）用描述函数法分析饱和型非线性三阶系统的稳定性，并由实验测量自持振荡的振幅和频率；

（3）掌握饱和型非线性系统消除自持振荡的方法。

四、实训原理

用描述函数法分析非线性系统的内容有：

（1）判别系统是否稳定；

（2）如果系统不稳定，试确定自持振荡的频率和幅值。

图 8-1 为非线性控制系统的方框图。

图中 $G(j\omega)$ 为线性系统的频率特性，N 为非线性元件，若令 $e = X\sin\omega t$，则 N 的输出为一非正弦周期性的函数，用傅氏级数表示为

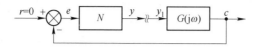

图 8-1　非线性控制系统

$$y = A_0 + A_1 \sin\omega t + B_1 \cos\omega t + A_2 \sin2\omega t + B_2 \cos2\omega t + \cdots$$

如果非线性元件的特性对坐标原点是奇对称的（即 $A_0 = 0$），且 $G(j\omega)$ 具有良好的低通滤波器特性，它能把 y 中各高次项谐波滤去，只剩下一次谐波，即

$$y_1 = A_1 \sin\omega t + B_1 \cos\omega t = Y_1 \sin (\omega t + \varphi_1)$$

式中，$Y_1 = \sqrt{A_1^2 + B_1^2}$；$\varphi_1 = \arctan \dfrac{B_1}{A_1}$。

于是非线性元件 N 的近似输出 Y_1 与输入信号间的关系为：

$$N(X) = \frac{Y_1}{X} \angle \varphi_1 \tag{8-1}$$

式中，$N(X)$ 称非线性特性的描述函数，它表示非线性元件输出的一次谐波分量对正弦输入的复数比；Y_1 为一次谐波幅值；X 为正弦输入信号的幅值；φ_1 为输出一次谐波分量相对于正弦输入信号的相移。

由于描述函数法用于分析非线性控制系统的自持振荡问题，故可令 in $= 0$。若在 $G(j\omega)$ 的输入端施加一正弦信号 $y_1 = Y_1 \sin\omega t$（见图 8-1），则 $N(X)$ 的输出为

$$y = - G(j\omega) N(X) Y_1 \sin\omega t$$

如果 $y = y_1$，即 $1 + G(j\omega) N(X) = 0$，则有

$$G(j\omega) = - \frac{1}{N(X)} \tag{8-2}$$

式中，$-\dfrac{1}{N(X)}$ 称描述函数的负倒特性。

此时即使撤去 Y_1 的信号，系统的振荡也能持续进行。因此，式（8-2）就是系统产生自持振荡的条件。

本实验应用描述函数法分析具有继电器型和饱和型非线性特性的三阶系统。

1. 继电器型非线性三阶系统

图 8-2 为继电器型非线性三阶系统的方框图。

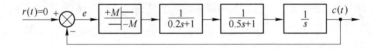

图 8-2　继电器型非线性三阶系统的方框图

继电器型非线性环节的描述函数为

$$N(X) = \frac{4M}{\pi X}$$

式中，X 为 N 元件（非线性元件）输入正弦信号的幅值。

在复平面上分别画出 $-\dfrac{1}{N(X)}$ 和 $G(j\omega)$ 曲线，如图 8-3 所示$\left(\text{如令 } M = 1, \ -\dfrac{1}{N} = \dfrac{\pi X}{4}\right)$。

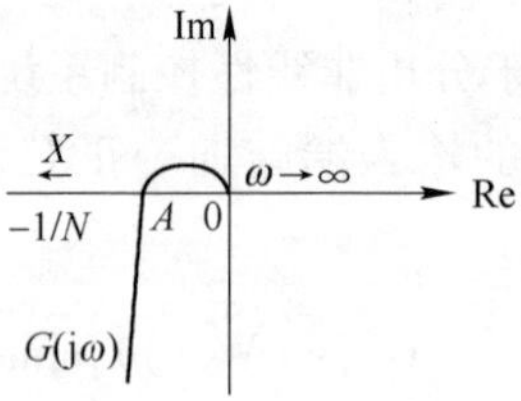

图 8-3　$-\dfrac{1}{N(X)}$ 与 $G(j\omega)$ 曲线

由于两曲线有交点 A，则表明该系统一定有极限环，即产生等幅稳定的自振荡。由图 8-2 可知：

$$G(j\omega) = \frac{1}{j\omega(1+j0.5\omega)(1+j0.2\omega)} \tag{8-3}$$

令 $\mathrm{Im}G(j\omega) = 0$　则　$\varphi(\omega_A) = -90° - \arctan0.5\omega_A - \arctan0.2\omega_A = -180°$，即 $\arctan0.5\omega_A + \arctan0.2\omega_A = 90°$，解得：

$$\omega_A = \sqrt{10} = 3.16 \tag{8-4}$$

于是得

$$|G(j\omega_A)| = \frac{1}{\sqrt{10}\sqrt{1+(0.5\sqrt{10})^2}\sqrt{1+(0.2\sqrt{10})^2}}$$

$$= \frac{1}{\sqrt{10}\sqrt{3.8}\sqrt{1.4}} = 0.143$$

由 $-\dfrac{1}{N(X_A)} = \mathrm{Re}G(j\omega_A)$ 可得：$\dfrac{\pi X_A}{4M} = -0.143$（$X_A$ 为交点处的幅值）。若令 $M = 1$，则得

$$X_A = \frac{4 \times 0.143}{3.14159} \approx 0.18 \tag{8-5}$$

根据以上计算可知，当 $M=1$ 时，图 8-2 继电器型非线性三阶系统的单位阶跃响应曲线如图 8-4 所示，其中振荡曲线的振荡周期为 0.5Hz。

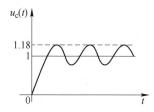

图 8-4　继电器非线性三阶系统单位阶跃响应曲线

2. 饱和型非线性三阶系统

图 8-5 饱和型非线性环节的静态特性及其对应的控制系统。

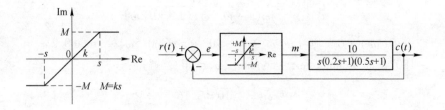

图 8-5　饱和型非线性环节的静态特性及其对应的控制系统

基于饱和型非线性的描述函数为

$$N(X) = \frac{2k}{\pi}\left[\arcsin\frac{s}{X} + \frac{s}{X}\sqrt{1 - \left(\frac{s}{X}\right)^2} \right]$$

因而它的负倒特性为

$$-\frac{1}{N(X)} = \frac{-\pi}{2k\left[\arcsin\dfrac{s}{X} + \dfrac{s}{X}\sqrt{1 - \left(\dfrac{s}{X}\right)^2} \right]}$$

显然，当 $X = s$ 时 $-\dfrac{1}{N(X)}$ 的起点为 $\left(-\dfrac{1}{k},\ j0 \right)$；当 $X \to \infty$ 时，

$-\dfrac{1}{N(X)} \to \infty$，故它是一条位于实轴上起始于 $\left(-\dfrac{1}{k},\ j0 \right)$ 点，终止于

$-\infty$ 的直线，如图 8-6 中的粗实线所示。如果 $-\dfrac{1}{N(X)}$ 与 $G(j\omega)$ 两曲

线相交，则系统会产生稳定的自振荡。

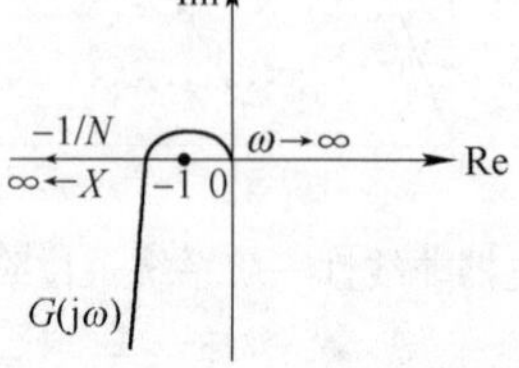

图 8-6　$-\dfrac{1}{N(X)}$ 与 $G(j\omega)$ 曲线

由图8-5可知：

$$G(j\omega) = \frac{10}{j\omega(1 + j0.5\omega)(1 + j0.2\omega)} \qquad (8\text{-}6)$$

由式（8-4）可知，$G(j\omega)$曲线与负实轴相交处的频率为

$$\omega_A = \sqrt{10} = 3.16, \ |G(j\omega_A)| = 1.43 \qquad (8\text{-}7)$$

由 $-\dfrac{1}{N(X_A)} = \mathrm{Re}G\ (j\omega_A)$ 且 $s = 1$，$k = 1$ 时，有

$$\frac{1}{N(X_A)} = \frac{\pi}{2k\left[\arcsin\dfrac{s}{X_A} + \dfrac{s}{X_A}\sqrt{1 - \left(\dfrac{s}{X_A}\right)^2}\right]} = 1.43 \qquad (8\text{-}8)$$

查表8-1中$N/k \sim s/X$的关系可得：$s/X_A \cong 0.57$，故 $X_A = 1.75$。

表8-1 饱和型非线性描述函数的负倒幅相特性

$\dfrac{X}{s}$	1	2	3	4	5	6	7	8	9	10
$-\dfrac{1}{N\left(\dfrac{X}{s}\right)}$	1	1.64	2.40	3.17	3.95	4.73	5.52	6.30	7.08	7.87

如果减小线性部分 $G(j\omega)$ 的增益，使之与 $-\dfrac{1}{N(X)}$ 曲线不相交，则自振荡消失，系统呈稳定运行。

根据以上计算可知，当 $s = 1$，$k = 1$ 时，图8-5的饱和型非线性三阶系统单位阶跃响应曲线如图8-7所示。其中振荡曲线的振荡周期为0.5Hz。

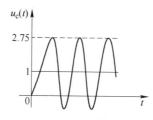

图8-7 饱和型非线性三阶系统的单位阶跃响应曲线

五、实训步骤

1. 继电器型非线性三阶系统

（1）根据图8-2三阶系统的方框图，在没有加入继电器型非线性环节时，设计并组建三阶系统的模拟电路，如图8-8所示。

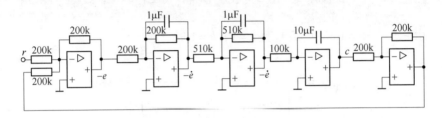

图 8-8　没有加入继电型非线性环节时的
三阶系统模拟电路图

根据图8-8所示进行 Multisim 仿真实验，并在系统输入端输入一个单位阶跃信号（如图8-9所示），用 Multisim 软件观测并记录 $c(t)$ 输出端的实验响应曲线。

（2）在图8-8的基础上加入继电型非线性环节后，系统的模拟电路如图8-10所示，加入继电器非线性环节的三型系统 Multisim 仿真如图8-11所示。

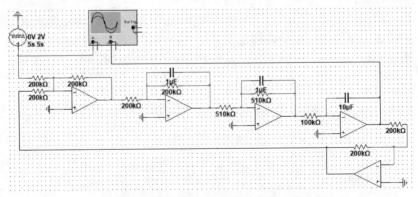

(a) 没有加入继电型非线性环节时的三阶系统仿真电路

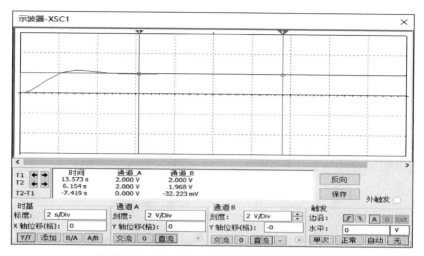

（b）没有加入继电型非线性环节时的三阶系统仿真波形

图 8-9　没有加入继电型非线性环节时的三阶系统
Multisim 仿真电路和波形

在系统输入端输入一个单位阶跃信号如图 8-11 所示。在下列两种情况下，用 Multisim 示波器观测系统 $c(t)$ 输出端信号的频率与幅值，并与式（8-4）与式（8-5）的理论计算值进行比较：

1）当 47k 可调电位器调节到 1.8k 左右（继电型非线性的特性参数 $M=1$）时；

2）当 47k 可调电位器调节到 3.6k 左右（继电型非线性的特性参数 $M=2$）时。

注：当 $M=2$ 时系统输出信号的频率与幅值请实验人员自己参照 $M=1$ 的计算方法进行计算。

改变阶跃信号的大小，重复（1）、（2）步骤。此时再用 Multisim 示波器观测系统 $c(t)$ 输出端信号的频率与幅值。

2. 饱和型非线性三阶系统

（1）根据图 8-4 三阶系统的方框图，在没有加入饱和型非线性环节时，设计并组建相应三阶系统的模拟电路，如图 8-12 所示。

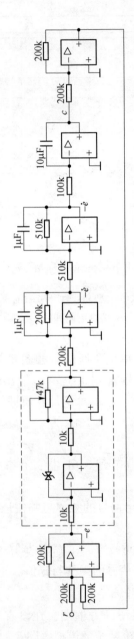

图 8-10　继电型非线性三阶系统的模拟电路图

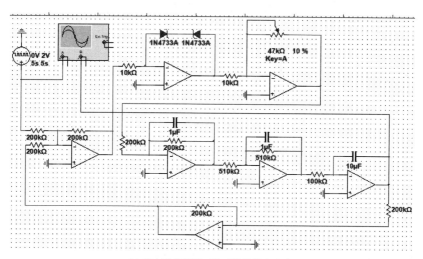

(a) 继电型非线性三阶系统的仿真电路

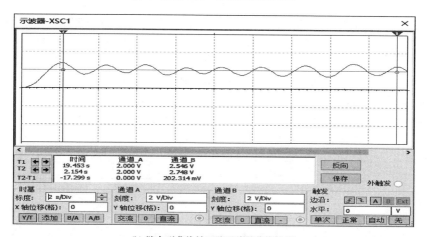

(b) 继电型非线性三阶系统的仿真波形

图 8-11　继电型非线性三阶系统的 Multisim 仿真电路和波形

依据图 8-12 进行 Multisim 仿真，在系统输入端输入一个单位阶跃信号如图 8-13 所示，用 Multisim 软件观测并记录 $c(t)$ 输出端的响应曲线。

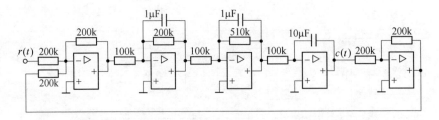

图 8-12 　没有加入饱和型非线性环节时的三阶系统模拟电路图

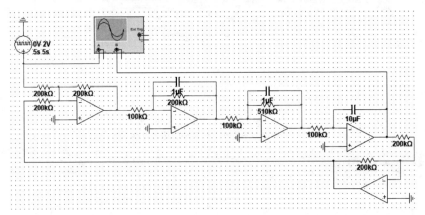

(a) 没有加入饱和型非线性环节时的三阶系统仿真电路

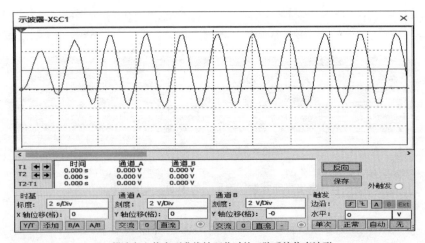

(b) 没有加入饱和型非线性环节时的三阶系统仿真波形

图 8-13 　没有加入饱和型非线性环节时的三阶系统 Multisim 仿真电路和波形

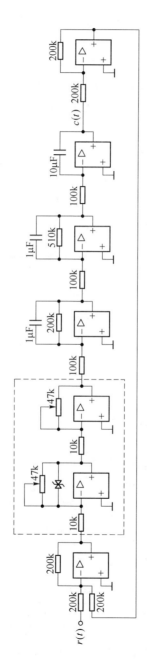

图 8-14　饱和型非线性三阶系统的模拟电路图

（2）在图 8-12 的基础上加入饱和型非线性环节后，系统的模拟电路如图 8-14 所示。

1）利用"实验七"饱和型非线性静态特性的测试方法，将饱和型非线性环节后一级运放中的电位器电阻值调至 1.8k 左右（特性参数 $M=1$），前一级运放中的电位器电阻值调至 55.6k（特性参数 $k=1$）；然后在 $r(t)$ 输入端输入一个单位阶跃信号，用 Multisim 示波器观测系统 $c(t)$ 输出端信号的频率与幅值，并与式（8-7）与式（8-7）的理论计算值进行比较。

依据图 8-14 进行 Multisim 仿真，改变阶跃信号的大小，再用 Multisim 示波器观测系统 $c(t)$ 输出端信号的频率与幅值如图 8-15 所示。

2）将图 8-10 中第五个运放单元的 100k 电阻更换为 510k 电阻，再用 Multisim 示波器观测系统 $c(t)$ 输出端的实验响应曲线。

3）在步骤 2.2.1 的基础上，调节饱和型非线性环节前一级运放中的电位器，用 Multisim 示波器观测系统 $c(t)$ 输出端的实验响应曲线。当系统自振荡消除时，记下此时电位器的阻值，并计算此时的 k 值。

另外，本实验还可以通过改变 M 的方法观测系统输出端信号的频率与幅值，具体计算方法参考式（8-7）与式（8-8）。

六、实训报告要求

（1）观测继电型非线性系统的自持振荡，将由实验测量自振荡的幅值与频率与理论计算值相比较，并分析两者产生差异的原因。

（2）调节系统的开环增益 K，使饱和非线性系统产生自持振荡，由实验测量其幅值与频率，并与理论计算值相比较。

七、实训思考题

（1）应用描述函数法分析非线性系统有哪些限制条件？

（2）为什么继电器型非线性系统产生的自振荡是稳定的自振荡？

（3）为什么减小开环增益 K，可使饱和型非线性系统的自振荡消失，系统变为稳定，而继电型非线性系统却不能消除自持振荡？

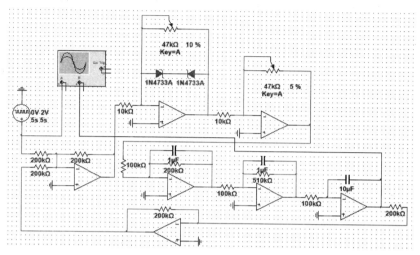

(a) 饱和型非线性三阶系统的仿真电路

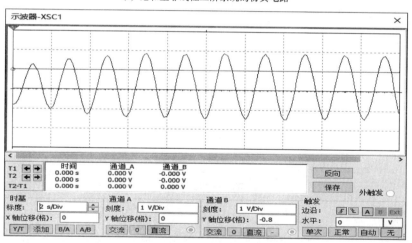

(b) 饱和型非线性三阶系统仿真波形

图 8-15 饱和型非线性三阶系统 Multisim 仿真电路和波形

实训九　非线性系统的相平面分析法

一、实训目的

（1）进一步熟悉非线性系统的电路模拟研究方法；

（2）熟悉用相平面法分析非线性系统的特性；

（3）使用 Multisim 仿真软件对实验内容进行仿真。

二、实训设备

Multisim 仿真软件。

三、实训内容

（1）用相平面法分析继电型非线性系统的阶跃响应和稳态误差；

（2）用相平面法分析带速度负反馈的继电型非线性控制系统的阶跃响应和稳态误差；

（3）用相平面法分析饱和型非线性控制系统的阶跃响应和稳态误差。

四、实训原理

非线性系统的相平面分析法，是状态空间分析法在二维空间特殊情况下的应用。它是一种不用求解方程，而用图解法给出 $x_1 = e$，$x_2 = \dot{e}$ 的相平面图。由相平面图就能清晰地知道系统的动态性能和稳态精度。

本实验主要研究具有继电型和饱和型非线性特性系统的相轨迹及其所描述相应系统的动、静态性能。

1. 未加速度反馈的继电器型非线性闭环系统

图 9-1 为继电器型非线性系统的方框图。

由图 9-1 可得

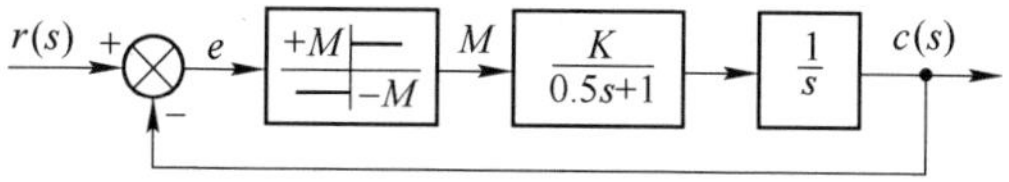

图9-1 继电型非线性系统方框图

$$T\ddot{c} + \dot{c} - KM = 0 \quad (e > 0)$$

$$T\ddot{c} + \dot{c} + KM = 0 \quad (e < 0)$$

式中，T为时间常数（$T = 0.5$），K为线性部分开环增益，M为继电器特性的限幅值。

因为 $\quad e = r - c, \quad r = R \cdot 1\ (t), \quad \dot{e} = -\dot{c}$

则有

$$T\ddot{e} + \dot{e} + KM = 0 \quad (e > 0) \tag{9-1}$$

$$T\ddot{e} + \dot{e} - KM = 0 \quad (e < 0) \tag{9-2}$$

基于 $\ddot{e} = \dot{e}\dfrac{\mathrm{d}\dot{e}}{\mathrm{d}e}$，令 $\alpha = \dfrac{\mathrm{d}\dot{e}}{\mathrm{d}e}$，则式（9-1）改写为

$$0.5\alpha\dot{e} + \dot{e} = -KM, \quad \dot{e} = \frac{-KM}{1 + 0.5\alpha} \tag{9-3}$$

同理，式（9-2）改写为

$$0.5\alpha\dot{e} + \dot{e} = KM, \quad \dot{e} = \frac{KM}{1 + 0.5\alpha} \tag{9-4}$$

根据式（9-3）和式（9-4），用等倾线法可画出该系统的相轨迹，如图9-2所示。不难看出，该系统的阶跃响应为一衰减振荡的曲线，其稳态误差为零，其中 A 线段表示超调量的大小。

2. 带有速度负反馈的继电型非线性闭环控制系统

图9-3为带速度负反馈的继电型非线性系统的方框图。

由方框图得：$e_1 = e - \beta\dot{c} = e + \beta\dot{e}$

由于理想继电型非线性的分界线为 $e_1 = 0$，于是得

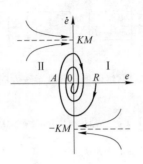

图 9-2　　阶跃信号作用下继电器型非线性系统的相轨迹

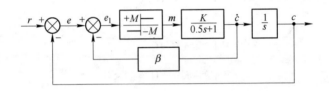

图 9-3　　带有速度负反馈的继电型非线性系统方框图

$$\dot{e} = -\frac{1}{\beta}e$$

上式为引入速度负反馈后相轨迹的切换线，由等倾线法作出其相轨迹如图 9-4 所示。

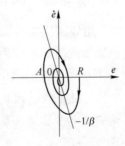

图 9-4　　带有速度负反馈的继电器型非线性系统的相轨迹

引入了速度负反馈，使相轨迹状态的切换提前进行，从而改善了非线性系统的动态性能，使超调量减小。

3. 饱和型非线性控制系统

图9-5为饱和型非线性系统的方框图。

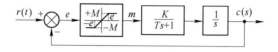

图9-5　饱和型非线性系统的方框图

由方框图得

$T\ddot{c}+\dot{c}=KM$，因为 $r-c=e$，所以　$T\ddot{e}+\dot{e}+KM=T\ddot{r}+\dot{r}$。

基于饱和非线性的特点，它把相平面分割成下面三个区域：

　　Ⅰ：$m=e$，$|e|<e_0$

　　Ⅱ：$m=M$，$e>e_0$

　　Ⅲ：$m=-M$，$e<-e_0$

三个区域的运动方程分别为

$$T\ddot{e}+\dot{e}+Ke=T\ddot{r}+\dot{r}　　(|e|<e_0)　　　(9\text{-}5)$$

$$T\ddot{e}+\dot{e}+KM=T\ddot{r}+\dot{r}　　(e>e_0)　　　(9\text{-}6)$$

$$T\ddot{e}+\dot{e}-KM=T\ddot{r}+\dot{r}　　(e<-e_0)　　　(9\text{-}7)$$

下面分析阶跃输入下的相轨迹：

（1）线性区：$|e|<e_0$，当 $t>0$ 时，$\ddot{r}=\dot{r}=0$，则式（9-5）改写为

$$T\ddot{e}+\dot{e}+Ke=0　　　(9\text{-}8)$$

因 $\ddot{e}=\dot{e}\dfrac{\mathrm{d}\dot{e}}{\mathrm{d}e}$，$\alpha=\dfrac{\mathrm{d}\dot{e}}{\mathrm{d}e}$，则上式对应相轨迹的等倾线为

$$\dot{e}=-\frac{Ke}{1+T\alpha}　　　（区域Ⅰ）$$

由式（9-8）可知，该区域的奇点在坐标原点，且它为稳定焦点

或稳定节点。

（2）饱和区

$$T\ddot{e} + \dot{e} + KM = 0 \qquad (e > e_0)$$

$$T\ddot{e} + \dot{e} - KM = 0 \qquad (e < -e_0)$$

或写做

$$\dot{e} = -\frac{KM}{1 + T\alpha} \qquad (e > e_0) \qquad （区域 II）$$

$$\dot{e} = -\frac{KM}{1 + T\alpha} \qquad (e < -e_0) \qquad （区域 III）$$

其相轨迹分别如图 9-6 和 9-7 所示。

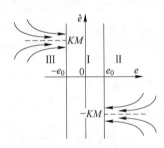

图 9-6　饱和区域的相轨迹

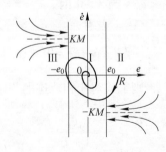

图 9-7　阶跃信号作用下系统的相轨迹

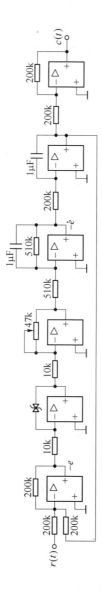

图 9-8　继电型非线性闭环系统模拟电路图

五、实训步骤

1. 未加入速度反馈的继电器型非线性控制系统

根据图 9-8 所示的继电器非线性闭环系统电路图，选择 Multisim 的通用电路单元设计并组建相应的模拟电路，如图 9-9 所示。

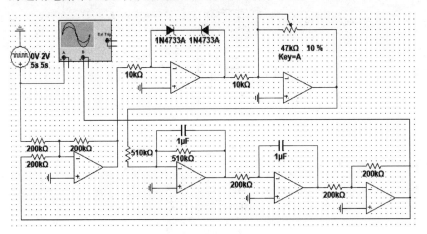

(a) 继电型非线性闭环系统仿真电路 (1.8k)

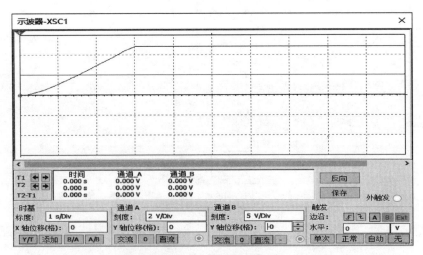

(b) 继电型非线性闭环系统仿真波形 (1.8k)

图 9-9　继电型非线性闭环系统 Multisim 仿真电路和波形 （1.8k）

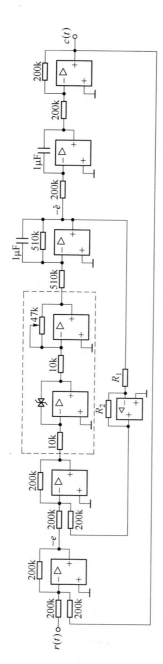

图 9-10　带有速度负反馈的继电器型非线性系统模拟电路

当输入端 r 输入一个单位阶跃信号时，在下列 3 种情况下用 Multisim 示波器的 $X-Y$（虚拟示波器上的 Chart XY 模式），并将分频系数设置到 2。本实验中其他部分（相同）方式观测和记录系统在 $(e, \dot{e})$ 相平面上的相轨迹（如图 9-9 所示）：

（1）当 47k 可调电位器电阻值调节至约 1.8k（$M=1$）时；

（2）当 47k 可调电位器电阻值调节至约 3.6k（$M=2$）时；

（3）当 47k 可调电位器电阻值调节至约 5.4k（$M=3$）时。

2. 带有速度负反馈的继电器型非线性控制系统

根据图 9-10 所示的带有速度反馈的继电器非线性模拟电路图，选择 Multisim 的通用电路单元设计并组建相应的模拟电路，如图 9-11 所示。

当输入端 r 输入一个单位阶跃信号且将 47k 可调电位器调节至约 1.8k（$M=1$）时，在下列 3 种情况下，用 Multisim 示波器的 $X-Y$ 方式观测和记录系统在 $(e, \dot{e})$ 相平面上的相轨迹：

（1）$R_1=500k$，$R_2=100k$ 时；

（2）$R_1=200k$，$R_2=100k$ 时；

（3）当 47k 可调电位器调节至约 3.6k（$M=2$）时，重复步骤（1）、（2）。

注：实验时，为了便于与理论曲线进行比较，电路中 $-e$ 测试点加一个反相器。

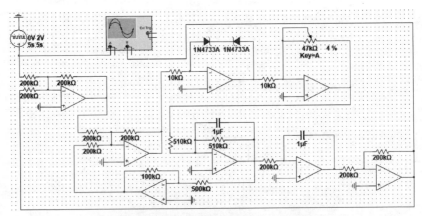

(a) 带有速度负反馈的继电器型非线性系统仿真电路

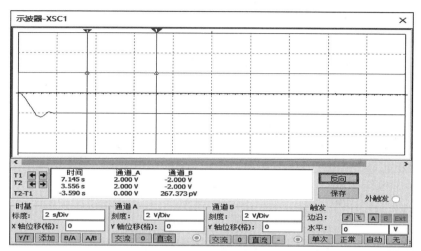

(b) 带有速度负反馈的继电器型非线性系统仿真波形

图 9-11　带有速度负反馈的继电器型非线性系统
Multisim 仿真电路和波形

3. 饱和型非线性控制系统

根据图 9-12 饱和型非线性的方框图，选择 Multisim 的通用电路单元设计并组建模拟电路，如图 9-13 所示。

将前一级运放中的电位器电阻值调至 10k（此时 $k=1$），在系统输入为一个单位阶跃信号时，用 Multisim 示波器的 $X-Y$ 方式观测和记录在下列 3 种方式下系统在 $(e, \dot{e})$ 相平面上的相轨迹：

（1）当后一级运放中的电位器电阻值调至约 1.8k（$M=1$）时；

（2）当后一级运放中的电位器电阻值调至约 3.6k（$M=2$）时；

（3）当后一级运放中的电位器电阻值调至约 5.4k（$M=3$）时；

（4）将图 9-12 中积分环节的电容改为 $1\mu F$，再重复步骤（1）~（3）。

注：实验时，为了便于与理论曲线进行比较，电路中 $-e$ 和 $-\dot{e}$ 测试点可各加一个反相器。

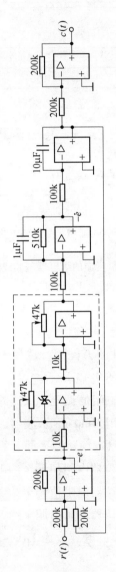

图 9-12   饱和型非线性系统的模拟电路

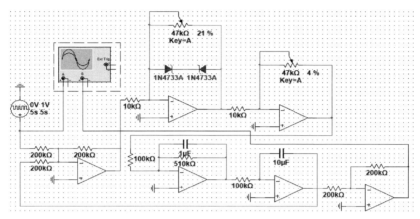

(a) 饱和型非线性系统的仿真电路

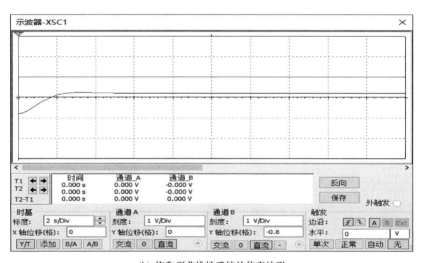

(b) 饱和型非线性系统的仿真波形

图 9-13　饱和型非线性系统的 Multisim 仿真电路和波形

六、实训报告要求

（1）作出由实验求得的继电型非线性控制系统在阶跃信号作用下的相轨迹，据此求出超调量 δ_p 和稳态误差 e_{ss}。

（2）作出由实验求得的具有速度负反馈的继电型非线性控制系统在阶跃作用下的相轨迹，并求出系统的超调量 δ_p 和稳态误差 e_{ss}。

（3）作出由实验求得的饱和非线性控制系统在阶跃作用下的相轨迹，并求出超调量 δ_p 和稳态误差 e_{ss}。

七、实训思考题

（1）为什么引入速度负反馈后，继电型非线性系统阶跃响应的动态性能会变好？

（2）对饱和非线性系统，如果区域 I 内的线性方程有两个相异负实根，则系统的相轨迹会如何变化？

实训十　系统能控性与能观性分析

一、实训目的

（1）通过本实验加深对系统状态的能控性和能观性的理解；

（2）验证实验结果所得系统能控能观的条件与由它们的判据求得的结果完全一致；

（3）使用 Multisim 仿真软件对实验内容进行仿真。

二、实训设备

Multisim 仿真软件。

三、实训内容

（1）线性系统能控性实验；

（2）线性系统能观性实验。

四、实训原理

系统的能控性是指输入信号 u_r 对各状态变量 x 的控制能力。如果对于系统任意的初始状态，可以找到一个容许的输入量，在有限的时间内把系统所有的状态变量转移到状态空间的坐标原点，则称系统是能控的。

系统的能观性是指由系统的输出量确定系统所有初始状态的能力。如果在有限的时间内，根据系统的输出能唯一地确定系统的初始状态，则称系统是能观的。

对于图 10-1 所示的电路系统，设 i_L 和 u_C 分别为系统的两个状态变量，如果电桥中 $\dfrac{R_1}{R_2} \neq \dfrac{R_3}{R_4}$，则输入电压 u_r 能控制 i_L 和 u_C 状态变量的变化，此时，状态是能控的；状态变量 i_L 与 u_C 有耦合关系，输出 u_C

中含有 i_L 的信息，因此对 u_C 的检测能确定 i_L。即系统是能观的。

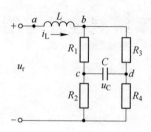

图 10-1　系统能控性与能观性实验电路

反之，当 $\dfrac{R_1}{R_2} = \dfrac{R_3}{R_4}$ 时，电桥中的 c 点和 d 点的电位始终相等，u_C 不受输入 u_r 的控制，u_r 只能改变 i_L 的大小，故系统不能控；由于输出 u_C 和状态变量 i_L 没有耦合关系，故 u_C 的检测不能确定 i_L，即系统不能观。

（1）当 $\dfrac{R_1}{R_2} \neq \dfrac{R_3}{R_4}$ 时

$$
\begin{pmatrix} \dot{i}_L \\ \dot{u}_C \end{pmatrix} = \begin{pmatrix} -\dfrac{1}{L}\left(\dfrac{R_1 R_2}{R_1 + R_2} + \dfrac{R_3 R_4}{R_3 + R_4}\right) & -\dfrac{1}{L}\left(\dfrac{R_1 R_2}{R_1 + R_2} - \dfrac{R_3 R_4}{R_3 + R_4}\right) \\ -\dfrac{1}{C}\left(\dfrac{R_2}{R_1 + R_2} - \dfrac{R_4}{R_3 + R_4}\right) & -\dfrac{1}{C}\left(\dfrac{1}{R_1 + R_2} + \dfrac{1}{R_3 + R_4}\right) \end{pmatrix} \times
$$

$$
\begin{pmatrix} i_L \\ u_C \end{pmatrix} + \begin{pmatrix} \dfrac{1}{L} \\ 0 \end{pmatrix} u \tag{10-1}
$$

$$
y = u_C = \begin{bmatrix} 0 & 1 \end{bmatrix} \begin{pmatrix} i_L \\ u_C \end{pmatrix} \tag{10-2}
$$

由上式可简写为

$$
\dot{x} = Ax + bu, \, y = cx
$$

式中，$x = \begin{pmatrix} i_L \\ u_C \end{pmatrix}$ $A = \begin{pmatrix} -\dfrac{1}{L}\left(\dfrac{R_1 R_2}{R_1 + R_2} + \dfrac{R_3 R_4}{R_3 + R_4}\right) & -\dfrac{1}{L}\left(\dfrac{R_1 R_2}{R_1 + R_2} - \dfrac{R_3 R_4}{R_3 + R_4}\right) \\ -\dfrac{1}{C}\left(\dfrac{R_2}{R_1 + R_2} - \dfrac{R_4}{R_3 + R_4}\right) & -\dfrac{1}{C}\left(\dfrac{1}{R_1 + R_2} + \dfrac{1}{R_3 + R_4}\right) \end{pmatrix}$；

$b = \begin{pmatrix} \dfrac{1}{L} \\ 0 \end{pmatrix}$；$c = \begin{bmatrix} 0 & 1 \end{bmatrix}$。

由系统能控能观性判据，得

$$\text{rank}\begin{bmatrix} b & Ab \end{bmatrix} = 2, \text{rank}\begin{bmatrix} c \\ cA \end{bmatrix} = 2$$

故系统既能控又能观。

（2）当 $\dfrac{R_1}{R_2} = \dfrac{R_3}{R_4}$ 时，式（10-1）变为

$$\begin{pmatrix} i_L \\ \dot{u}_C \end{pmatrix} = \begin{pmatrix} -\dfrac{1}{L}\left(\dfrac{R_1 R_2}{R_1 + R_2} + \dfrac{R_3 R_4}{R_3 + R_4}\right) & 0 \\ 0 & -\dfrac{1}{C}\left(\dfrac{1}{R_1 + R_2} + \dfrac{1}{R_3 + R_4}\right) \end{pmatrix} \times$$

$$\begin{pmatrix} i_L \\ u_C \end{pmatrix} + \begin{pmatrix} \dfrac{1}{L} \\ 0 \end{pmatrix} u \tag{10-3}$$

$$y = u_C = \begin{bmatrix} 0 & 1 \end{bmatrix} \begin{pmatrix} i_L \\ u_C \end{pmatrix} \tag{10-4}$$

由系统能控能观性判据得

$$\text{rank}\begin{bmatrix} b & Ab \end{bmatrix} = 1 < 2 \quad \text{rank}\begin{bmatrix} c \\ cA \end{bmatrix} = 1 < 2$$

故系统既不能控又不能观。

若把式（10-3）展开，则有

$$i_L = -\dfrac{1}{L}\left(\dfrac{R_1 R_2}{R_1 + R_2} + \dfrac{R_3 R_4}{R_3 + R_4}\right) i_L + \dfrac{1}{L} u \tag{10-5}$$

$$\dot{u}_C = -\frac{1}{C}\left(\frac{1}{R_1 + R_2} + \frac{1}{R_3 + R_4}\right)u_C \tag{10-6}$$

这是两个独立的方程。第二个方程中的 u_C 既不受输入 u_r 的控制，也与状态变量 i_L 没有任何耦合关系，故电路的状态为不能控。同时，输出 u_C 中不含有 i_L 的信息，因此对 u_C 的检测不能确定 i_L，即系统不能观。

五、实训步骤

（1）按图 10-1 连接实验电路，其中 $R_1 = 1\text{k}$，$R_2 = 1\text{k}$，$R_3 = 1\text{k}$，$R_4 = 2\text{k}$（图 10-2）；

（2）在图 10-1 的 u 输入端输入一个阶跃信号，当阶跃信号的值分别为 1V、2V 时，用 Multisim 软件观测并记录电路中电感和电容器两端电压 U_{ab}、$U_{cd}(u_C)$ 的大小；

（3）当 R_3 取（通过短路帽进行切换）2k，阶跃信号的值分别为 1V、2V 时，用 Multisim 软件观测并记录电路中电感和电容器两端电压 U_{ab}、$U_{cd}(u_C)$ 的大小；

（4）当 R_3 取 3k，阶跃信号的值分别为 1V、2V 时，用 Multisim 软件观测并记录电路中电感和电容器两端电压 U_{ab}、$U_{cd}(u_C)$ 的大小。

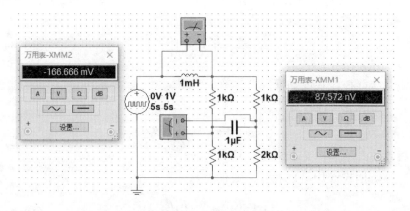

图 10-2　系统能控性与能观性 Multisim 仿真实验电路

六、实训报告

写出图 10-1 电路图的状态空间表达式，并分析系统的能控性和能观性。

实训十一　控制系统极点的任意配置

一、实训目的

（1）掌握用全状态反馈的设计方法实现控制系统极点的任意配置；

（2）用电路模拟的方法，研究参数的变化对系统性能的影响；

（3）使用 Multisim 仿真软件对实验内容进行仿真。

二、实训设备

同实训五。

三、实训内容

（1）用全状态反馈实现二阶系统极点的任意配置，并用电路模拟的方法予以实现；

（2）用全状态反馈实现三阶系统极点的任意配置，并通过电路模拟的方法予以实现。

四、实训原理

由于控制系统的动态性能主要取决于它的闭环极点在 S 平面上的位置，因而人们常把对系统动态性能的要求转化为一组希望的闭环极点。一个单输入单输出的 N 阶系统，如果仅靠系统的输出量进行反馈，显然不能使系统的 n 个极点位于所希望的位置。基于一个 N 阶系统有 N 个状态变量，如果把它们作为系统的反馈信号，则在满足一定的条件下就能实现对系统极点任意配置，这个条件就是系统能控。理论证明，通过状态反馈的系统，其动态性能一定会优于只有输出反馈的系统。

设系统受控系统的动态方程为

$$\dot{x} = Ax + bu$$

$$y = cx$$

图 11-1 为其状态变量图。

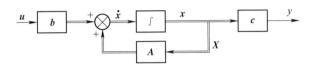

图 11-1　状态变量图

令 $u = r - Kx$，其中 $K = \begin{bmatrix} k_1 & k_2 & \cdots & k_n \end{bmatrix}$，$r$ 为系统的给定量，x 为 $n \times 1$ 系统状态变量，u 为 1×1 控制量。则引入状态反馈后系统的状态方程变为

$$\dot{x} = (A - bK)x + bu$$

相应的特征多项式为 $\det \begin{bmatrix} sI - (A - bK) \end{bmatrix}$。

调节状态反馈阵 K 的元素 $\begin{bmatrix} k_1 & k_2 & \cdots & k_n \end{bmatrix}$，就能实现闭环系统极点的任意配置。图 11-2 为引入状态反馈后系统的方框图。

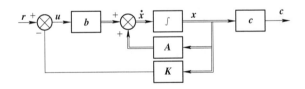

图 11-2　引入状态变量后系统的方框图

1. 典型二阶系统全状态反馈的极点配置

二阶系统方框图如图 11-3 所示。

（1）由图 11-3 得

$$G(s) = \frac{10}{s(0.5s + 1)}$$

然后求得：$\xi = 0.223$，$\delta_p \approx 48\%$。

同时由框图可得：

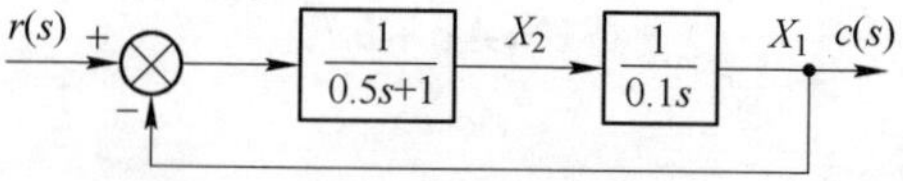

图 11-3 二阶系统的方框图

$$(R - X_1)\frac{1}{0.5s + 1} = X_2, \quad \dot{X}_1 = 10X_2$$

所以：
$$\dot{X}_2 = -2X_1 - 2X_2 + 2R$$

$$\dot{X} = \begin{bmatrix} 0 & 10 \\ -2 & -2 \end{bmatrix}X + \begin{bmatrix} 0 \\ 2 \end{bmatrix}R$$

$$y = X_1 = \begin{bmatrix} 1 & 0 \end{bmatrix}X$$

（2）系统能控性

$$\text{rank}\begin{bmatrix} b & Ab \end{bmatrix} = \text{rank}\begin{bmatrix} 0 & 20 \\ 2 & -4 \end{bmatrix} = 2$$

所以系统完全能控，即能实现极点任意配置。

（3）由性能指标确定希望的闭环极点

令性能指标：$\delta_p \leqslant 0.20$，$T_p \leqslant 0.5s$

由 $\delta_p = e^{\frac{-\xi\pi}{\sqrt{1-\xi^2}}} \leqslant 0.20$，选择 $\xi = \frac{1}{\sqrt{2}} = 0.707$（$\delta_p = 4.3\%$）

$$T_p = \frac{\pi}{\omega_n\sqrt{1-\xi^2}} \leqslant 0.5s，选择 \omega_n = 10\text{s}^{-1}$$

于是求得希望的闭环极点为

$$s_{1,2} = -7.07 \pm j7.07$$

$$\left(s_{1,2} = -\xi\omega_n \pm j\omega_n\sqrt{1-\xi^2} = -7.07 \pm j10\sqrt{1-\frac{1}{2}} = -7.07 \pm j7.07 \right)$$

希望的闭环特征多项式为

$$\varphi^*(s) = (s + 7.07 - j7.07)(s + 7.07 + j7.07)$$
$$= s^2 + 14.14s + 100 \tag{11-1}$$

（4）确定状态反馈系数 K_1 和 K_2

引入状态反馈后，系统的方框图如图 11-4 所示。

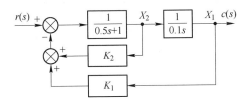

图 11-4　引入状态反馈后的二阶系统方框图

其特征方程式为

$$|sI-(A-bK)| = \begin{vmatrix} s & -10 \\ 2+2K_1 & S+2+2K_2 \end{vmatrix}$$
$$= s^2 + (2+2K_2)s + 20K_1 + 20 \quad\quad (11\text{-}2)$$

由式（11-1）和式（11-2）解得 $K_1 = 4$，$K_2 = 6.1$。

根据以上计算可知，二阶系统在引入状态反馈前后的理论曲线如图 11-5 所示。

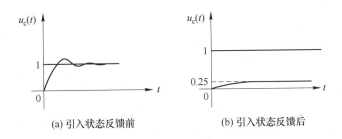

(a) 引入状态反馈前　　　　　(b) 引入状态反馈后

图 11-5　引入状态反馈前后二阶系统的单位阶跃响应曲线

2. 典型三阶系统全状态反馈的极点配置

（1）系统的方框图

三阶系统方框图如图 11-6 所示。

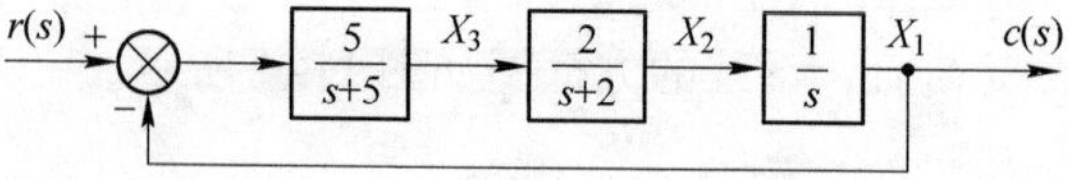

图 11-6　三阶系统的方框图

（2）状态方程

由图得：$\dot{X}_1 = X_2$　　　　$C = y = X_1 = \begin{bmatrix} 1 & 0 & 0 \end{bmatrix} X$

$\dot{X}_2 = -2X_2 + 2X_3$

$\dot{X}_3 = -5X_1 - 5X_3 + 5R$

其动态方程为：$\dot{X} = \begin{bmatrix} 0 & 1 & 0 \\ 0 & -2 & 2 \\ -5 & 0 & -5 \end{bmatrix} X + \begin{bmatrix} 0 \\ 0 \\ 5 \end{bmatrix} R$

（3）能控性

由动态方程可得：$\text{rank} \begin{bmatrix} b & Ab & A^2b \end{bmatrix} = \text{rank} \begin{bmatrix} 0 & 0 & 10 \\ 0 & 10 & -70 \\ 5 & -25 & 125 \end{bmatrix} = 3$

所以，系统能控，其极点能任意配置。

设一组理想的极点为：$P_1 = -10$，$P_{2,3} = -2 \pm j2$，则由它们组成希望的特征多项式为

$$\varphi^* = (s+10)(s+2-j2)(s+2+j2) = s^3 + 14s^2 + 48s + 80$$

$$(11\text{-}3)$$

（4）确定状态反馈矩阵 K

引入状态反馈后的三阶系统方框图如图 11-7 所示。

由图 11-7 可得

$$\det \begin{bmatrix} sI - (A - Bk) \end{bmatrix} = s(s+2)(s+5+5K_3) + 2(s+5K_1) + 10sK_2$$
$$= s^3 + (7+5K_3)s^2 + (10+10K_2+10K_3)s + 10 + 10K_1$$

$$(11\text{-}4)$$

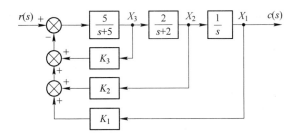

图 11-7　引入状态反馈后的三阶系统方框图

由式（11-3）和式（11-4）得

$$7 + 5K_3 = 14 \qquad\qquad K_3 = 1.4$$

$$10 + 10K_2 + 10K_3 = 48 \qquad K_2 = 2.4$$

$$10 + 10K_1 = 80 \qquad\qquad K_1 = 7$$

图 11-7 对应的模拟电路图如图 11-15 所示。图中电阻 R_{X_1}、R_{X_2}、R_{X_3} 按下列关系式确定：

$$\frac{200\mathrm{k}}{R_{X_1}} = 7, \qquad \frac{200\mathrm{k}}{R_{X_2}} = 2.4, \qquad \frac{200\mathrm{k}}{R_{X_3}} = 1.4$$

根据以上计算可知，三阶系统在引入状态反馈前后的理论曲线如图 11-8 所示。

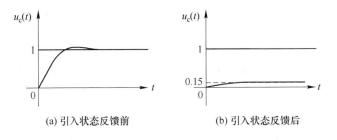

(a) 引入状态反馈前　　　　　　(b) 引入状态反馈后

图 11-8　引入状态反馈前后三阶系统的单位阶跃响应曲线

五、实训步骤

（一）典型二阶系统

1. 引入状态反馈前

根据图 11-9 引入状态反馈前的二阶系统的方框图，设计并组建该系统相应的 Multisim 仿真电路，如图 11-10 所示。

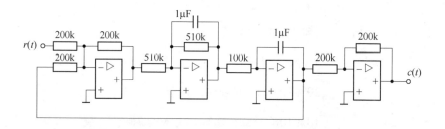

图 11-9　引入状态反馈前的二阶系统模拟电路图

在系统输入端输入一单位阶跃信号，用 Multisim 软件观测 $c(t)$ 输出点并记录相应的实验曲线。

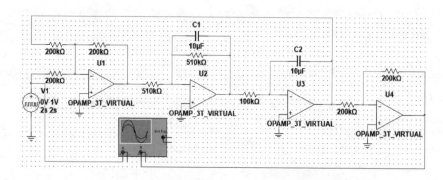

(a) 引入状态反馈前的二阶系统仿真电路

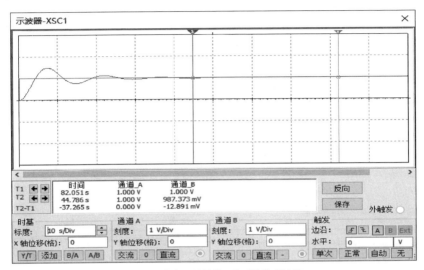

(b) 引入状态反馈前的二阶系统仿真波形

图 11-10　引入状态反馈前的二阶系统 Multisim 仿真电路和波形

2. 引入状态反馈后

根据图 11-11 二阶系统的模拟电路图，设计并组建该系统相应的 Multisim 仿真电路，如图 11-12 所示。

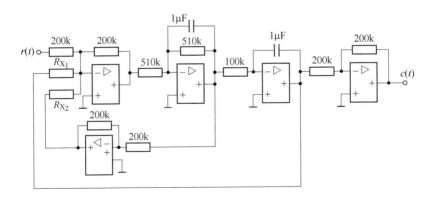

图 11-11　状态反馈后的二阶系统模拟电路

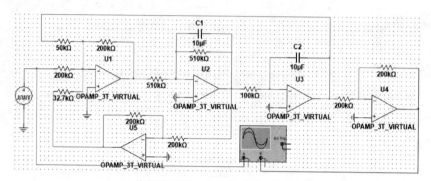

(a) 状态反馈后的二阶系统Multisim仿真电路

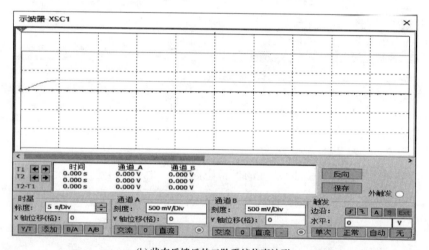

(b) 状态反馈后的二阶系统仿真波形

图 11-12 　状态反馈后的二阶系统 Multisim 仿真电路和波形

根据式（11-2）可知，$K_1 = 4$，$K_2 = 6.1$，于是可求得

$$R_{X_1} = 200\mathrm{k}/K_1 = 50\mathrm{k}, \quad R_{X_2} = 200\mathrm{k}/K_2 = 32.7\mathrm{k}$$

在系统输入端输入一单位阶跃信号，用 Multisim 软件观测 $c(t)$ 输出点并记录相应的实验曲线（若测量值太小，可在示波器上进行放大后

观测或增大输入的阶跃信号，例如放大倍数取默认的 2 倍），然后分析其性能指标（图 11-13）。

调节可调电位器 R_{X_1} 或 R_{X_2} 值的大小，然后观测系统输出的曲线有什么变化，并分析其性能指标。

（二）典型三阶系统

1. 引入状态反馈前

根据图 11-13 三阶系统的模拟电路图，设计并组建该系统相应的仿真电路，如图 11-14 所示。

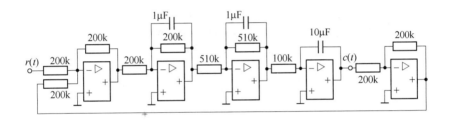

图 11-13　三阶系统的模拟电路图

在系统输入端输入一单位阶跃信号，用 Multisim 软件观测 $c(t)$ 输出点并记录相应的实验曲线，然后分析其性能指标。

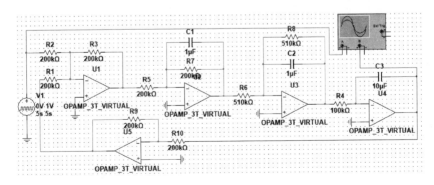

(a) 三阶系统的仿真电路

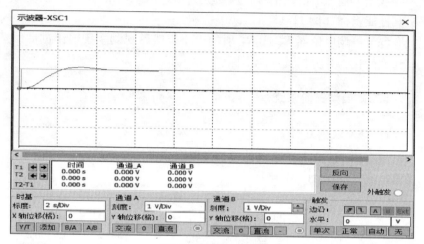

(b) 三阶系统的仿真波形

(b) 三阶系统的仿真波形

图 11-14   三阶系统的 Multisim 仿真电路和波形

2. 引入状态反馈后

根据图 11-15 三阶系统的模拟电路图，设计并组建该系统三阶系统的 Multisim 仿真电路，如图 11-16 所示。

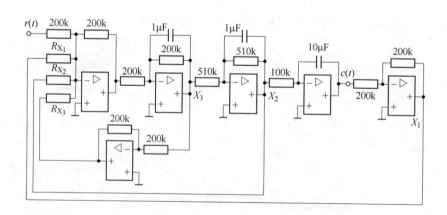

图 11-15   引入状态反馈后的三阶系统模拟电路图

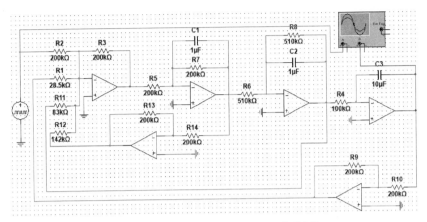

(a) 引入状态反馈后的三阶系统Multisim仿真电路

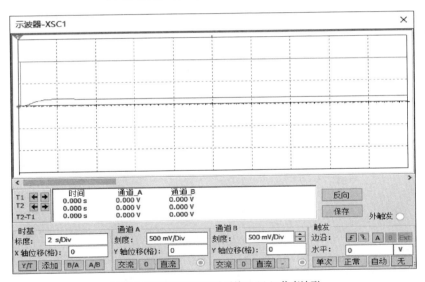

(b) 引入状态反馈后的三阶系统Multisim仿真波形

图 11-16 引入状态反馈后的三阶系统 Multisim 仿真电路和波形

根据式（11-4）可知，$K_1 = 7$，$K_2 = 2.4$，$K_3 = 1.4$，于是可求得

$$R_{X_1} = 200\text{k}/K_1 = 28.5\text{k}; R_{X_2} = 200\text{k}/K_2 = 83\text{k}; R_{X_3} = 200\text{k}/K_3 = 142\text{k}$$

在系统输入端输入一单位阶跃信号，用 Multisim 软件观测 $c(t)$ 输出点并记录相应的实验曲线（若测量值太小，可在示波器上进行放大后观测或增大输入的阶跃信号，如 2V），然后分析其性能指标。

调节可调电位器 R_{X_1} 或 R_{X_2} 或 R_{X_3} 值的大小，然后观测输出曲线有什么变化，并分析其性能指标。

六、实训报告要求

（1）画出二阶和三阶系统的模拟电路图，实测它们的阶跃响应曲线和动态性能，并与计算所得的各种性能指标进行比较和分析；

（2）根据系统要求的性能指标，确定系统希望的特征多项式，并计算出状态反馈增益矩阵；

（3）画出引入状态反馈后的二阶和三阶系统的电路图，由实验测得它们的阶跃响应曲线的特征量，并分析是否满足系统的设计要求。

七、实训思考题

（1）系统极点能任意配置的充要条件是什么？

（2）为什么引入状态反馈后的系统，其瞬态响应一定会优于输出反馈的系统？

（3）图 11-3 所示的系统引入状态反馈后，能不能使输出的稳态值等于给定值？

实训十二　具有内部模型的状态反馈控制系统

一、实训目的

（1）通过实验了解内模控制的原理；

（2）掌握具有内部模型的状态反馈设计方法；

（3）使用 Multisim 仿真软件对实验内容进行仿真。

二、实训设备

Multisim 仿真软件。

三、实训内容

（1）不引入内部模型，按要求设计系统的模拟电路，并由实验求取其阶跃响应和稳态输出；

（2）设计该系统引入内部模型后系统的模拟电路，并由实验观测其阶跃响应和稳态输出。

四、实训原理

系统极点任意配置（状态反馈），仅从系统获得满意的动态性能考虑，即系统具有一组希望的闭环极点，但不能实现系统无误差。为此，本实验在上一实验的基础上，增加了系统内部模型控制。

经典控制理论告诉我们，系统的开环传递函数中，若含有某控制信号的极点，则该系统对此输入信号就无稳态误差产生。据此，在具有状态反馈系统的前向通道中引入 $r(s)$ 的模型，这样，系统既具有理想的动态性能，又使该系统无稳态误差产生。

1. 内模控制实验原理

设受控系统的动态方程为

$$\dot{x} = Ax + bu, \quad y = cx$$

令参考输入为阶跃信号 r，则有：$\dot{r} = 0$。

令系统的输出与输入间的跟踪误差为 $e = y - r$，则有：

$$\dot{e} = \dot{y} - \dot{r} = c\dot{x} \tag{12-1}$$

若令 $Z = \dot{x}$，$\omega = \dot{u}$ 为两个中间变量，则得

$$\dot{z} = A\dot{x} + b\dot{u} = Az + b\omega \tag{12-2}$$

把式（12-1）、式（12-2）写成矩阵形式：

$$\begin{bmatrix} \dot{e} \\ \dot{z} \end{bmatrix} = \begin{bmatrix} 0 & c \\ 0 & A \end{bmatrix} \begin{bmatrix} e \\ z \end{bmatrix} + \begin{bmatrix} 0 \\ b \end{bmatrix} \omega \tag{12-3}$$

若式（12-3）能控，则可求得如下形式的状态反馈

$$\omega = -k_1 e - \boldsymbol{K}_2 z \quad (\boldsymbol{K}_2 = \begin{bmatrix} k_2 & k_3 \end{bmatrix}) \tag{12-4}$$

这不仅使系统稳定，而且实现稳态误差为零。对式（12-4）积分得

$$u = -k_1 \int e(t)\,\mathrm{d}t - k_2 x(t)$$

引入参考输入的内部模型后系统的方框图如图 12-1 所示。

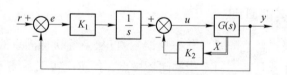

图 12-1　具有内部模型系统的方框图

2. 系统的极点配置

已知给定电路的动态方程为

$$\dot{X} = \begin{bmatrix} 0 & 1 \\ -4 & -1 \end{bmatrix} X + \begin{bmatrix} 0 \\ 1 \end{bmatrix} u, \quad y = \begin{bmatrix} 1 & 0 \end{bmatrix} X \tag{12-5}$$

或写成

$$\dot{x}_1 = x_2$$
$$\dot{x}_2 = -4x_1 - x_2 + u$$

由于 $\text{rank}[b\ Ab] = 2$，故系统能控。系统的方框图如图 12-2 所示。

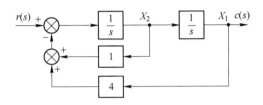

图 12-2　引入状态反馈前的二阶系统方框图

由动态方程可得

$$T(s) = C(sI - A)b = [1\quad 0]\begin{bmatrix} s & -1 \\ 4 & s+1 \end{bmatrix}^{-1}\begin{bmatrix} 0 \\ 1 \end{bmatrix} = \frac{1}{4} \times \frac{4}{s^2 + s + 4}$$

由于 $2\zeta\omega_n = 1$，故 $\zeta = 0.25$，此时超调量较大（约为 50%）。当单位阶跃输入时，$e_{ss} = 0.75$。

令状态反馈阵 $K = [k_1\quad k_2]$，$u = r - Kx$，式中 r 为系统的给定量。则引入状态反馈后的状态方程为

$$\dot{x} = (A - bK)x + br$$

相应的特征多项式为

$$\Psi(s) = |sI - (A - bK)| = \begin{bmatrix} s & -1 \\ 4+k_1 & s+1+k_2 \end{bmatrix}$$

$$= s^2 + (1 + k_2)s + 4 + k_1 \tag{12-6}$$

设闭环系统的希望极点为 $s_{1,2} = -1 \pm j1$，则由它们组成希望的特征多项式为

$$\varphi^* = (s + 1 - j1)(s + 1 + j1) = s^2 + 2s + 2 \tag{12-7}$$

对比式（12-6）和式（12-7），得

$$k_1 = -2 \quad k_2 = 1$$

此时
$$T(s) = C[sI - (A - bK)]^{-1}\boldsymbol{b}$$

$$= \begin{bmatrix} 1 & 0 \end{bmatrix} \begin{bmatrix} s & -1 \\ 2 & s+2 \end{bmatrix}^{-1} \begin{bmatrix} 0 \\ 1 \end{bmatrix} = \frac{1}{2} \times \frac{2}{s^2 + 2s + 2}$$

由于 $2\zeta\sqrt{2} = 2$，故 $\zeta = 0.707$，此时超调量约为 4.3%，$e_{ss} = 0.5$。引入状态反馈后系统的方框图如图 12-3 所示。

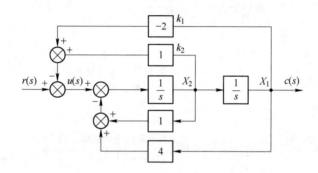

图 12-3　引入状态反馈后的二阶系统方框图

3. 内模控制器的设计

为使校正后的系统不仅具有良好的动态性能，而且要以零稳态误差跟踪输入，就需在状态反馈的基础上引入内模控制。根据式（12-3）和式（12-5），得

$$\begin{bmatrix} \dot{e} \\ \dot{z} \end{bmatrix} = \begin{bmatrix} 0 & 1 & 0 \\ 0 & 0 & 1 \\ 0 & -4 & -1 \end{bmatrix} \begin{bmatrix} e \\ z \end{bmatrix} + \begin{bmatrix} 0 \\ 0 \\ 1 \end{bmatrix} \omega$$

设闭环系统的希望极点为 $s_{1,2} = -1 \pm j1$，$s_3 = -10$，则得希望的闭环特征方程式为：

$$\varphi^*(s) = (s+1-j)(s+1+j)(s+10) = s^3 + 12s^2 + 22s + 20$$

$$(12-8)$$

引入状态反馈后系统的特征多项式为

$$\det\left[sI-(A-bK)\right]=\det\begin{bmatrix} s & -1 & 0 \\ 0 & s & -1 \\ k_1 & 4+k_2 & s+1+k_3 \end{bmatrix}$$

$$=s^3+(1+k_3)s^2+(4+k_2)s+k_1 \qquad (12\text{-}9)$$

对比式（12-8），得

$$k_1=20,\quad k_2=18,\quad k_3=11$$

故校正后系统的方框图如图 12-4 所示。

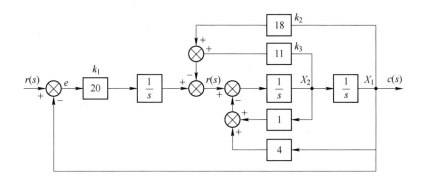

图 12-4　校正后系统的方框图

　　根据以上计算可知，二阶系统在引入状态反馈前后的理论曲线如图 12-5(a)、(b)、(c)所示。

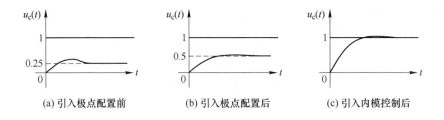

(a) 引入极点配置前　　　　(b) 引入极点配置后　　　　(c) 引入内模控制后

图 12-5　内模控制引入前后的阶跃响应曲线

五、实训步骤

1. 极点配置前

根据图 12-5 引入极点配置前的模拟电路图，设计并组建该系统相应的 Multisim 仿真电路，如图 12-6 所示。

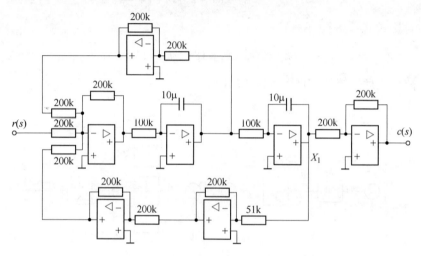

图 12-6　引入极点配置前系统的电路

在系统输入端输入一单位阶跃信号，用 Multisim 观测 $c(t)$ 输出点并记录相应的实验曲线，然后分析其性能指标（图 12-7）。

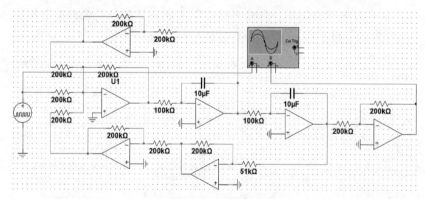

(a) 引入极点配置前系统的仿真电路

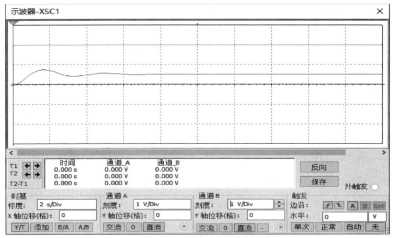

(b) 引入极点配置前系统的仿真波形

图 12-7　引入极点配置前系统的 Multisim 仿真电路和波形

2. 系统引入极点配置

根据图 12-8 引入极点配置后的系统模拟电路图，设计并组建该系统相应的 Multisim 仿真电路，如图 12-9 所示。

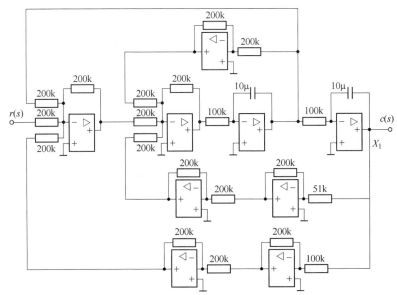

图 12-8　引入极点配置后系统的模拟电路图

在系统输入端输入一单位阶跃信号，用 Multisim 观测 $c(t)$ 输出点并记录相应的实验曲线，然后分析其性能指标。

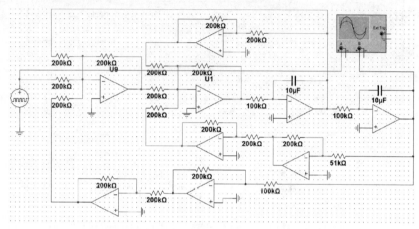

(a) 引入极点配置后系统的仿真电路

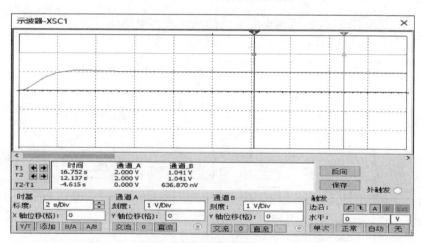

(b) 引入极点配置后系统的仿真波形

图 12-9　引入极点配置后系统的 Multisim 仿真电路和波形

3. 加内模控后

根据图 12-10 引入内模控制后的模拟电路图，设计并组建该系统相应的 Multisim 仿真电路，如图 12-11 所示。

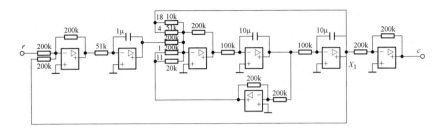

图 12-10　引入内模控制后系统的模拟电路图

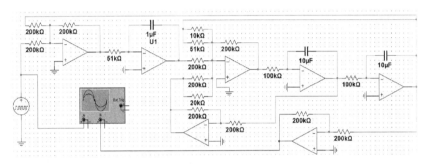

(a) 引入内模控制后系统的仿真电路

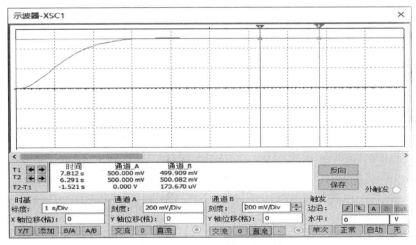

(b) 引入内模控制后系统的仿真波形

图 12-11　引入内模控制后系统的 Multisim 仿真电路和波形

在 r 端输入一个阶跃信号（由于积分电路有截止饱和本实验阶跃信号的值不能超过 0.6V，建议使用 0.5V），用 Multisim 观测输出点 y 并记录相应的实验曲线，然后分析其性能指标。

六、实训报告要求

（1）画出不引入内部模型，只有状态反馈系统的模拟电路图，并由实验画出它的阶跃响应曲线和确定稳态输出值。

（2）画出引入内部模型后系统的模拟电路图，并由实验绘制它的阶跃响应曲线和求出稳态输出值。

七、实训思考题

（1）试从理论上解释引入内部模型后系统的稳态误差为零的原因？

（2）如果输入 $r(t) = t$，则系统引入的内部模型应作如何变化？

实训十三　状态观测器及其应用

一、实训目的

（1）熟悉状态观测器的工作原理与结构组成；

（2）用状态观测器的状态估计值对系统的极点进行任意配置；

（3）使用 Multisim 仿真软件对实验内容进行仿真。

二、实训设备

Multisim 仿真软件。

三、实训内容

（1）设计受控系统和相应状态观测器的模拟电路图；

（2）观测实验系统的状态 $x(t)$ 与观测器的状态估计值 $\hat{x}(t)$ 两者是否一致；

（3）观测实际系统在状态反馈前的阶跃响应和用观测器的状态进行反馈后的阶跃响应。

四、实验原理

状态反馈虽然能使系统获得满意的动态性能，但对于具体的控制系统，由于物理实现条件的限制，不可能做到系统中的每一个状态变量 x 都有相应的检测传感器。为此，人们设想构造一个模拟装置，使它具有与被控系统完全相同的动态方程和输入信号。由于这种模拟装置的状态变量 $\hat{x}$ 都能被检测，因此可采用它作为被控系统的状态进行反馈，这个模拟装置称为系统的状态观测器。

为了能使在不同的初始状态 $\hat{x}(t_0) \neq x(t_0)$，使 $\hat{x}(t)$ 能以最快的速度趋于实际系统的状态变为 $x(t)$，必须把状态观测器接成闭环形式，

且它的极点配置距 S 平面虚轴的距离至少大于状态反馈系统的极点距虚轴的距离 5 倍。

1. 状态反馈的设计

二阶系统的原理方框图如图 13-1 所示。

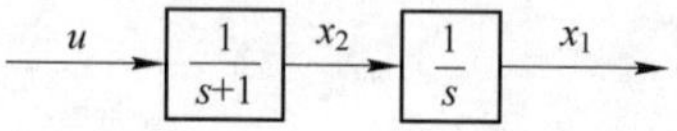

图 13-1　二阶系统的原理方框图

$$\dot{x} = \begin{bmatrix} 0 & +1 \\ 0 & -1 \end{bmatrix} x + \begin{bmatrix} 0 \\ 1 \end{bmatrix} u, \quad y = \begin{bmatrix} 1 & 0 \end{bmatrix} x$$

已知系统能控和能观，假设状态变量 x_1 和 x_2 均不能测量，需用状态反馈使闭环系统的阻尼比 $\xi = \dfrac{1}{\sqrt{2}}$，$\omega_n = 1$。

根据给定的 ξ 和 ω_n，求得系统期望的闭环极点

$$s_{1,2} = -\xi\omega_n \pm j\omega_n\sqrt{1-\xi^2} = -\frac{\sqrt{2}}{2} \pm j\frac{\sqrt{2}}{2}$$

相应的特征方程为

$$\varphi^*(s) = \left(s + \frac{\sqrt{2}}{2} - j\frac{\sqrt{2}}{2}\right)\left(s + \frac{\sqrt{2}}{2} + j\frac{\sqrt{2}}{2}\right) = s^2 + \sqrt{2}s + 1 \quad (13\text{-}1)$$

因为能控，所以闭环极点能任意配置，令 $K = \begin{bmatrix} K_1 & K_2 \end{bmatrix}$，则状态反馈后系统的闭环特征多项式为：

$$\det\begin{bmatrix} s\boldsymbol{I} - (\boldsymbol{A} - \boldsymbol{b}\boldsymbol{K}) \end{bmatrix} = s^2 + (1 + K_2)s + K_1 = 0 \quad (13\text{-}2)$$

对比式（13-1）和式（13-2）得

$$K_1 = 1, \quad K_2 = \sqrt{2} - 1 = 0.414$$

2. 状态观测器的设计

状态观测器的状态方程为

$$\hat{x} = (A - Gc)\hat{x} + bu + Gy$$

令 $G = \begin{bmatrix} g_1 \\ g_2 \end{bmatrix}$，$A - Gc = \begin{bmatrix} -g_1 & +1 \\ -g_2 & -1 \end{bmatrix}$

$$\det[sI - (A - Gc)] = s^2 + (g_1 + 1)s + (g_1 + g_2) \qquad (13\text{-}3)$$

为使 $\hat{x}$ 能尽快地趋于实际的状态 x，要求观测器的特征值远小于闭环极点的实部，现设观测器的特征值 $s_{1,2} = -5$，据此得

$$(s + 5)^2 = s^2 + 10s + 25 \qquad (13\text{-}4)$$

比较式（13-3）和式（13-4），得 $g_1 + g_2 = 25$，$g_1 + 1 = 10$；即：$g_1 = 9$，$g_2 = 16$。于是求得观测器的状态方程为

$$\hat{x} = \begin{bmatrix} -9 & 1 \\ -16 & -1 \end{bmatrix}\hat{x} + \begin{bmatrix} 0 \\ 1 \end{bmatrix}u + \begin{bmatrix} 9 \\ 16 \end{bmatrix}y$$

用观测器的状态估计值构成系统的控制量为

$$u = \begin{bmatrix} -1 & \sqrt{2} - 1 \end{bmatrix}\begin{bmatrix} \hat{x}_1 \\ \hat{x}_2 \end{bmatrix} = -\hat{x}_1 - 0.414\hat{x}_2$$

图 13-2 为用观测器的状态估计值对系统进行状态反馈的方框图，其中，$\hat{x}_1$ 跟踪 x_1 的实验曲线如图 13-3 所示。

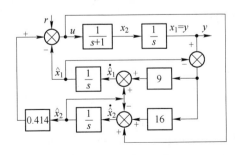

图 13-2 观测器的方框图

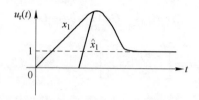

图 13-3　$\hat{x}_1$ 跟踪 x_1 的曲线

五、实训步骤

根据图 13-4 观测器的模拟电路原理图，设计并组建该系统的 Multisim 仿真电路，如图 13-5 和图 13-6 所示。

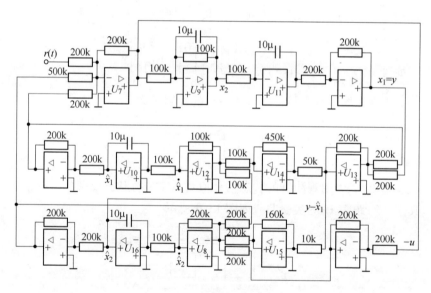

图 13-4　观测器的模拟电路

（1）在 r 输入端输入一个单位阶跃信号，断开图 13-4 中 x_1 输出端的连接线，用 Multisim 观测 x_1、$\hat{x}_1$ 点处于不同的初始值，然后连上前面断开的线，此时在 Multisim 观测 $\hat{x}_1$ 状态点跟踪 x_1 状态点的情况，记录实验曲线并分析系统的性能指标。实验结果如图 13-5 所示。

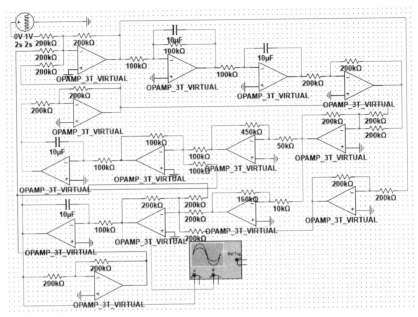

(a) 观测器的仿真电路

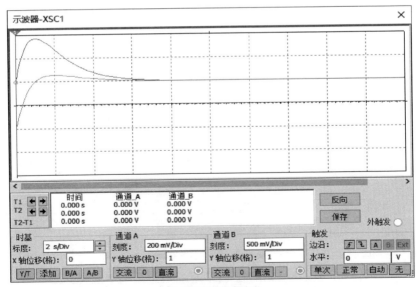

(b) 观测器的仿真波形

图 13-5 观测器的 Multisim 仿真电路和波形

（2）在 r 输入端输入一个单位阶跃信号，断开图 13-4 中 x_1 输出端的连接线，用 Multisim 观测 x_2、$\hat{x}_2$ 点处于不同的初始值，然后连上前面断开的线，此时在 Multisim 观测 $\hat{x}_2$ 状态点跟踪 x_2 状态点的情况，记录实验曲线并分析系统的性能指标。实验结果如图 13-6 所示。

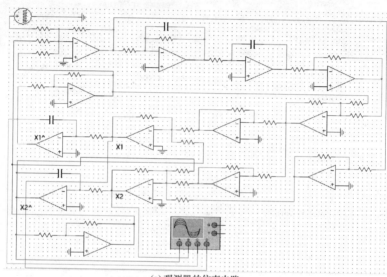

(a) 观测器的仿真电路

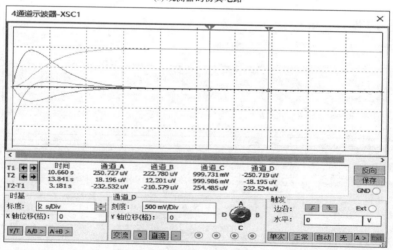

(b) 观测器的仿真波形

图 13-6　观测器的 Multisim 仿真电路和波形

六、实训报告要求

（1）根据对系统和观测器的动态性能要求，分别设计状态反馈矩阵 K 和观测器的校正矩阵 G。

（2）画出受控系统和观测器的模拟电路图。

（3）根据实验结果，分别画出实际系统的状态 $x(t)$ 与观测器的状态估计值 $\hat{x}(t)$ 的曲线。

（4）根据实验结果，分别画出未加状态反馈前系统的阶跃响应曲线和用观测器的状态估计值进行反馈后系统的阶跃响应曲线。

（5）讨论分析实验结果。

七、实训思考题

（1）观测器中的校正矩阵 G 起什么作用？

（2）观测器中矩阵 $[A-Gc]$ 极点能任意配置的条件是什么？

（3）为什么观测器极点要设置得比系统的极点更远离于 S 平面的虚轴？

实训十四 采样控制系统的分析

一、实训目的

（1）熟悉用 LF398 组成的采样控制系统；

（2）通过本实验进一步理解香农定理和零阶保持器 ZOH 的原理及其实现方法；

（3）观察系统在阶跃作用下的稳态误差，研究开环增益 K 和采样周期 T 的变化对系统动态性能的影响；

（4）使用 Multisim 仿真软件对实验内容进行仿真。

二、实训设备

Multisim 仿真软件。

三、实训内容

（1）利用实验平台设计一个对象为二阶环节的模拟电路，并与采样电路组成一个数字-模拟混合系统；

（2）分别改变系统的开环增益 K 和采样周期 T_s，研究它们对系统动态性能及稳态精度的影响。

四、实训原理

1. 采样定理

图 14-1 为信号的采样与恢复的方框图，图中 $x(t)$ 是 t 的连续信号，经采样开关采样后，变为离散信号 $x^*(t)$。

香农采样定理证明，要使被采样后的离散信号 $x^*(t)$ 能不失真地恢复原有的连续信号 $x(t)$，其充分条件为：

$$\omega_s \geqslant 2\omega_{max} \tag{14-1}$$

式中，ω_s 为采样的角频率；ω_{max} 为连续信号的最高角频率。

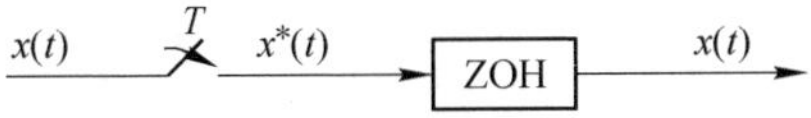

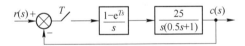

图 14-1　连续信号的采样与恢复

由于 $\omega_s = \dfrac{2\pi}{T}$，因而式（14-1）可写为

$$T \leqslant \frac{\pi}{\omega_{max}} \qquad\qquad (14\text{-}2)$$

式中，T 为采样周期。

采样控制系统稳定的充要条件是其特征方程的根均位于 Z 平面上以坐标原点为圆心的单位圆内，且这种系统的动、静态性能均只与采样周期 T 有关。

2. 采样控制系统性能的研究

图 14-2 为二阶采样控制系统的方框图。

$$r(s) + \bigotimes\limits_{-} \quad /T \quad \boxed{\dfrac{1-e^{Ts}}{s}} \quad \boxed{\dfrac{25}{s(0.5s+1)}} \quad c(s)$$

图 14-2　二阶采样控制系统方框图

由图 14-2 所示系统的开环脉冲传递函数为：

$$
\begin{aligned}
G(z) &= Z\left[\frac{25(1 - e^{-Ts})}{s^2(0.5s + 1)}\right] = 25(1 - Z^{-1})Z\left[\frac{2}{s^2(s + 2)}\right] \\
&= 25(1 - Z^{-1})Z\left(\frac{1}{s^2} - \frac{0.5}{s} + \frac{0.5}{s + 2}\right) \\
&= 25(1 - Z^{-1})Z\left[\frac{TZ}{(Z - 1)^2} - \frac{0.5Z}{Z - 1} + \frac{0.5Z}{Z - e^{-2T}}\right] \\
&= \frac{12.5(2T - 1 + e^{-2T})Z + (1 - e^{-2T} - 2Te^{-2T})}{(Z - 1)(Z - e^{-2T})}
\end{aligned}
$$

闭环脉冲传递函数为：

$$\frac{c(z)}{r(z)} = \frac{12.5(2T-1+e^{-2T})Z + (1-e^{-2T}-2Te^{-2T})}{Z^2 - (1+e^{-2T})Z + e^{-2T} + 12.5(2T-1+e^{-2T})Z + (1-e^{-2T}-2Te^{-2T})]}$$

$$= \frac{12.5(2T-1+e^{-2T})Z + (1-e^{-2T}-2Te^{-2T})}{Z^2 - (25T-13.5+11.5e^{-2T})Z + e^{-2T} + (12.52T-11.5e^{-2T}-25Te^{-2T})}$$

根据上式可判别该采样控制系统否稳定，并可用迭代法求出该系统的阶跃输出响应。

五、实训步骤

1. 零阶保持器

本实验采用"采样-保持器"组件 LF398。它具有将连续信号离散后的零阶保持器输出信号的功能。图 14-3 为采样-保持电路，图中 MC14538 为单稳态电路，改变输入方波信号的周期，即改变采样周期 T。

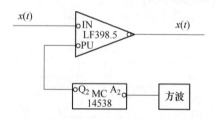

图 14-3　采样保持电路

接好"采样保持电路"的电源。用上位软件的"信号发生器"将一个频率为 5Hz、幅值为 2V 的正弦信号输入到"采样保持电路"的信号输入端。在下列 3 种情况下，用示波器观察"采样保持电路"的信号输出端：

（1）当方波（采样产生）信号为 100Hz 时；

（2）当方波（采样产生）信号为 50Hz 时；

（3）当方波（采样产生）信号为 10Hz 时。

注：方波的幅值要尽可能大。

2. 采样系统的动态性能

根据图 14-4 二阶采样控制系统模拟电路图，设计并组建该系统的 Multisim 仿真电路，如图 14-5 所示。

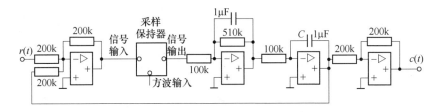

图 14-4　采样控制二阶系统模拟电路图

图 14-4 积分单元中取 $C = 1\mu F$，$R = 100k$（$K = 10$）时，在输入端 r 输入一个单位阶跃信号，在下面 4 种情况下用 Multisim 软件观测并记录 $c(t)$ 的输出响应曲线（图 14-5），然后分析其性能指标：

（1）当采样周期为 0.005s（200Hz）时；

（2）当采样周期为 0.05s（20Hz）时；

（3）当采样周期为 0.2s（5Hz）时；

（4）将图 14-4 中电容与电阻更换为 $C = 1\mu F$，$R = 51k$（$K = 20$）时，重复步骤（1）~（3）。

注：实验中的采样周期最好小于 0.25s（大于 4Hz）。

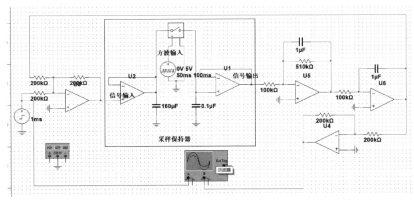

(a) 采样控制二阶系统的Multisim仿真电路

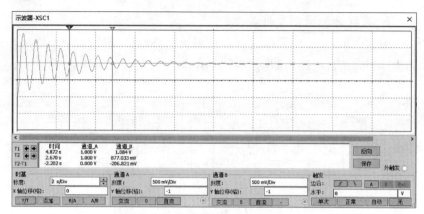

(b) 采样控制二阶系统Multisim仿真波形($K=10$)

图 14-5　采样控制二阶系统 Multisim 仿真电路和波形

在 Multisim 选项卡里进行参数设置，方波输入信号的参数如图 14-6 所示。

注：方波的脉冲宽度是周期的一半。

图 14-6　采样控制二阶系统 Multisim 仿真选项卡参数设置

六、实训报告要求

（1）按图 14-2 所示的方框图画出相应的模拟电路图。

（2）研究采样周期 T 的变化对系统性能的响应。

七、实训思考题

（1）连续二阶线性定常系统，不论开环增益 K 多大，闭环系统均是稳定的。为什么离散后的二阶系统在 K 大到某一值或采样时间 T_s 很小时，会产生不稳定？

（2）试分析采样周期 T 的变化对系统性能的影响？

实训十五　采样控制系统的动态校正

一、实训目的

（1）通过实验进一步理解采样定理的基本理论；

（2）掌握采样控制系统校正装置的设计和调试方法；

（3）通过实验进一步认识到采样控制系统与线性连续定常系统的本质区别和采样周期 T 对系统性能的影响；

（4）使用 Multisim 仿真软件对实验内容进行仿真。

二、实训设备

Multisim 仿真软件。

三、实训内容

（1）利用本实验平台构造一个被控对象为二阶环节的模拟电路；

（2）在满足 K_v 的要求下，观测系统的单位阶跃响应曲线，据此确定超调量 δ_p 值；

（3）在满足 K_v 的要求且采样时间 $T = 0.1s$ 时，观测该系统加入校正环节（见"实验六"连续系统的校正环节）后的单位阶跃响应曲线并求其 δ_p 值。

四、实训原理

1. 性能指标

性能指标：$K_v \leqslant 5$，$\delta_p \leqslant 10\%$。

2. 校正前系统的性能分析

图 15-1 为未加校正环节的采样控制系统方框图。

3. 系统稳定的临界 K 值

图 15-1 所示系统的开环脉冲传递函数为

$$G(z) = (1 - z^{-1})Z\left[\frac{K}{s^2(s+2)}\right] = \frac{0.0046Kz + 0.0045K}{z^2 - 1.8187z + 0.8187}$$

$$\frac{c(z)}{r(z)} = \frac{0.0046Kz + 0.0045K}{z^2 - (1.8187 - 0.0046K)z + 0.8187 + 0.0045K}$$

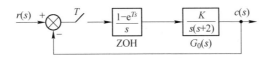

图 15-1　未加校正环节的采样控制系统方框图

对上式的分母进行双线性变换，由劳斯判据求得系统临界稳定的 K 值约为 40。其中取 $K = 10(K_v = 5)$，$T = 0.1s$ 时：

$$G(z) = \frac{0.0468z + 0.0438}{z^2 - 1.8187z + 0.8187}$$

$$\frac{c(z)}{r(z)} = \frac{0.0468z + 0.0438}{1 - 1.7719z^{-1} + 0.8625z^{-2}}$$

$$c(k) = 1.7719c(k-1) - 0.8625c(k-2) +$$
$$0.0438r(k-1) + 0.0468r(k-2)$$

据此求得系统的单位阶跃响应曲线，其超调量 δ_p 约为 38%。

4. 校正后系统（$K_v = 5$，$T = 0.1s$）

本实验采用"实训六"中连续系统的校正环节，其传递函数为

$$G_c(s) = \frac{bs + 1}{as + 1} = \frac{0.5s + 1}{0.05s + 1}$$

图 15-1 加上校正环节后的系统方框图如图 15-2 所示。

图 15-2 所示系统的开环脉冲传递函数为

$$G(z) = \frac{0.2838z + 0.1485}{z^2 - 1.1353z + 0.1353}$$

$$\frac{c(z)}{r(z)} = \frac{0.2838z^{-1} + 0.1485z^{-2}}{1 - 0.8515z^{-1} + 0.2838z^{-2}}$$

$$c(k) = 0.8515c(k-1) - 0.2838c(k-2) +$$
$$0.2838r(k-1) + 0.1485r(k-2)$$

由上式可计算出系统的超调量 δ_p 约为 4.3%。

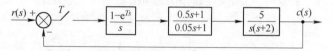

图 15-2　加校正环节后的采样控制系统方框图

五、实训步骤

1. 校正前系统

根据图 15-3 未加校正环节的采样控制系统电路图，设计并组建该系统的 Multisim 仿真电路，如图 15-4 所示。

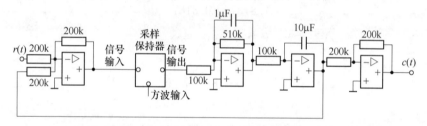

图 15-3　未加校正环节前的采样控制系统电路图

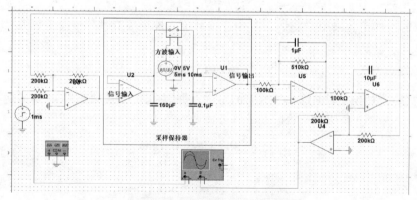

(a) 未加校正环节前的采样控制系统仿真电路

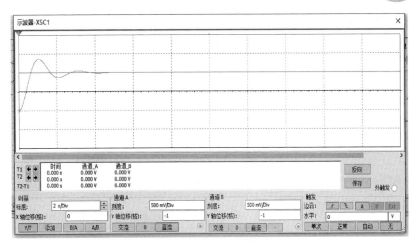

(b) 未加校正环节前的仿真采样控制系统波形

图 15-4　未加校正环节前的 Multisim 仿真采样控制系统电路和波形

令系统输入为一单位阶跃信号，在采样周期为 $T = 0.1\text{s}(10\text{Hz})$ 时用 Multisim 软件观测并记录 $c(t)$ 的输出响应曲线，然后分析其性能指标，并与其理论计算的 δ_p 相比较。

改变采样周期，如 $T = 0.01\text{s}(100\text{Hz})$ 时，用 Multisim 软件观测并记录 $c(t)$ 的输出响应曲线，然后分析其性能指标。

2. 校正后系统

根据图 15-5 加校正环节后的采样控制系统电路图，设计并组建

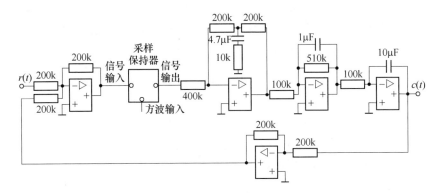

图 15-5　加校正环节后的采样控制系统电路图

该系统的 Multisim 仿真电路，如图 15-6 所示。

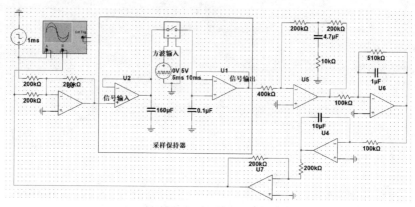

(a) 加校正环节后的采样控制系统仿真电路

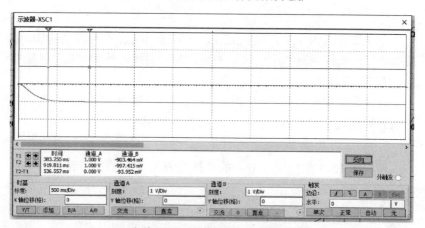

(b) 加校正环节后的采样控制系统仿真波形

图 15-6　加校正环节后的采样控制系统 Multisim 仿真电路和波形

令系统输入为一单位阶跃信号，在采样周期为 $T = 0.1\,\text{s}$ 时，用 Multisim 软件观测并记录 $c(t)$ 的输出响应曲线，然后分析性能指标，并与其理论计算的 δ_p 相比较。

改变采样周期，如 $T = 0.01\,\text{s}(100\,\text{Hz})$ 时，用 Multisim 软件观测并记录 $c(t)$ 的输出响应曲线，然后分析系统的性能指标。

六、实训报告要求

（1）按图 15-1 所示的方框图画出相应的模拟电路图；

（2）根据图 15-2 设计加校正环节后系统的采样控制电路图；

（3）研究加校正环节后系统的动态性能，并画出校正后系统的阶跃响应曲线；

（4）研究采样周期 T 的变化对系统性能的响应。

七、实训思考题

（1）连续二阶线性定常系统，不论开环增益 K 多大，闭环系统总是稳定的。而为什么离散后的二阶系统在一定 K 值时会产生不稳定？

（2）试分析采样周期 T 的变化对系统性能的影响？

附　　录

附录 I　Multisim10 的基本使用——电路的仿真测量

学会在 NI Multisim10 虚拟电子实验平台调用测量元件和仪器仪表，并能设置和使用电流表、电压表、数字万用表、函数信号发生器、示波器和频率计。

I-1　概述

Multisim10 提供了种类齐全的测量工具和虚拟仪器仪表，它们的操作、使用、设置、连接和观测方法与真实仪器几乎完全相同，就好像在真实的实验室环境中使用仪器一样。在仿真过程中，这些仪器能够非常方便地监测电路工作情况，对仿真结果进行显示及测量。

Multisim10 提供了测量元件如电流表、电压表和探针，可在如图 I-1 所示的测量元件工具栏中调用，或在元器件工具栏上打开

(a) 测量原件工具栏　　　　　　(b) 指示器对话框

图 I-1　调用测量元件的两种方法

"指示器"对话框中调用。

Multisim10 还提供了 18 种虚拟仪器仪表（数字万用表、函数信号发生器、功率计、双踪示波器、4 踪示波器、波特图示仪、频率计、字发生器、逻辑分析仪、逻辑转换仪、Ⅰ-Ⅴ特性分析仪、失真度分析仪、频谱分析仪、网络分析仪、安捷伦信号发生器、安捷伦万用表、安捷伦示波器、泰克示波器），1 个实时测量探针，4 种 Labview 采样仪器和 1 个电流检测探针，都可在如图Ⅰ-2 所示工具栏中找到。

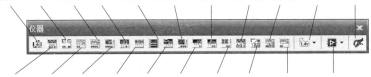

图Ⅰ-2　虚拟仪器仪表工具栏

人们在测量电流、电压时，常使用如图Ⅰ-3 所示的数字电流表、数字电压表和数字万用表来测量电流和电压。Multisim10 仿真环境同样可使用如图Ⅰ-4 所示的虚拟数字电流表、数字电压表和数字万用表来测量电流、电压。

(a) 数字电流表

(b) 数字电压表

(c) 数字万用表

图Ⅰ-3　测量电流、电压的实际仪表

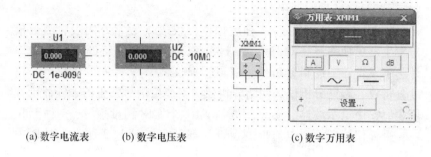

(a) 数字电流表   (b) 数字电压表   (c) 数字万用表

图 I-4   Multisim10 中虚拟电压、电流和万用表

如图 I-5 所示，测量电流时，将电流表串联于电路中；测量电压时，将电压表并联在电路或元件两端，对直流电有正负极之分，对交流电没有正负之分。虚拟电压表和电流表将会直接显示出测量值，小数点精确到三位数。Multisim10 中电流表默认内阻为 $1 \times 10^{-9}\,\Omega$，电压表内阻为 10MΩ。

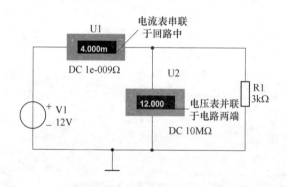

图 I-5   测量电压电流

双击电流表或电压表图标，将弹出参数对话框，可对仪表的内阻大小、模式等进行设置，如图 I-6 所示，将电流表内阻设置为 1Ω，可将直流（DC）表变换为交流表（AC）。

我们在测量电路工作情况时，还常用到信号发生器、频率计和示波器等，如图 I-7 所示。

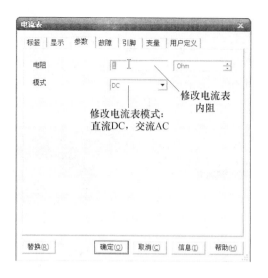

图 I-6　修改电流表参数

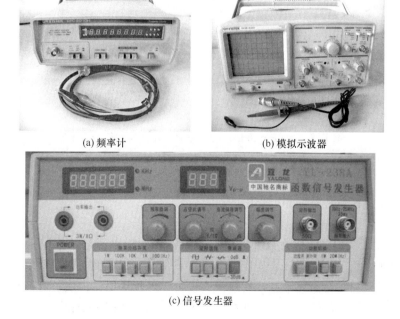

(a) 频率计 　　　　　　　　(b) 模拟示波器

(c) 信号发生器

图 I-7　真实的频率计、示波器和信号发生器

Multisim10 提供的函数信号发生器、频率计、示波器等在功能和使用方法上都与真实的仪器相同，而且 Multisim10 还提供了四台三维的高性能测量仪器（安捷伦信号发生器、安捷伦万用表、安捷伦示波器和泰克示波器），如图 I-8 所示。

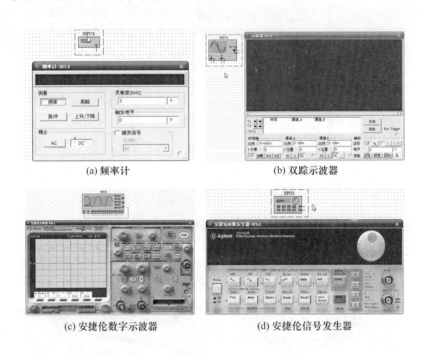

(a) 频率计   (b) 双踪示波器

(c) 安捷伦数字示波器   (d) 安捷伦信号发生器

图 I-8   Multisim10 中虚拟频率计、示波器和信号发生器

由图 I-8 可见，在使用虚拟仪器仪表测量时，工作区有两个显示界面：一是添加到电路中的仪器仪表图标，二是进行操作显示的仪器仪表面板。

如图 I-9 所示为数字万用表的图标和面板。通过仪器仪表图标的外接端子将仪器仪表连接到电路，双击此图标将弹出或隐藏仪器仪表面板，并在面板中进行仪器仪表设置、显示等操作，面板可拖动到电路工作区任何位置。允许在一个电路中同时使用多个相同的虚拟仪表仪器，只不过它们的仪器仪表标识不同。

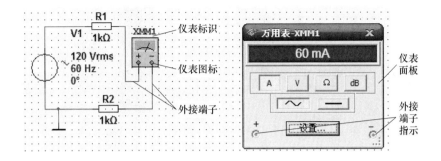

图 I-9　数字万用表的图标和面板

使用虚拟仪器仪表测量电路时，可按下列步骤操作（以使用万用表测量交流电流为例，参见图 I-10）。

I-2　任务实施

I-2-1　使用电流表和电压表测量交直流电流、电压

以测量简单电路的电流、电压，介绍虚拟电流表、电压表的调用、设置和使用方法。

A　测量发光二极管指示电路的电流、电压

a　搭建直流供电的发光二极管指示电路

（1）保存新建电路。在 Multisim10 操作界面，按下键盘上"Ctrl+N"按键，新建一个原理图，保存该电路到 E 盘"仿真"文件夹命名为"发光二极管指示电路 1"。

（2）调用元器件。调用 12V 直流电源、接地、2kΩ 电阻和一支红色发光二极管到电路工作区。

（3）连接电路。按图 I-11 所示连接好电路（注意发光二极管正极接电源高电位）。

b　调用电流表、电压表

（1）调出测量元件工具条。在主菜单栏或主工具栏空白处单击鼠标右键，弹出如图 I-12(a) 所示快捷菜单；勾选"测量元件"栏，弹出如图 I-12(b) 所示"测量元件"工具条。

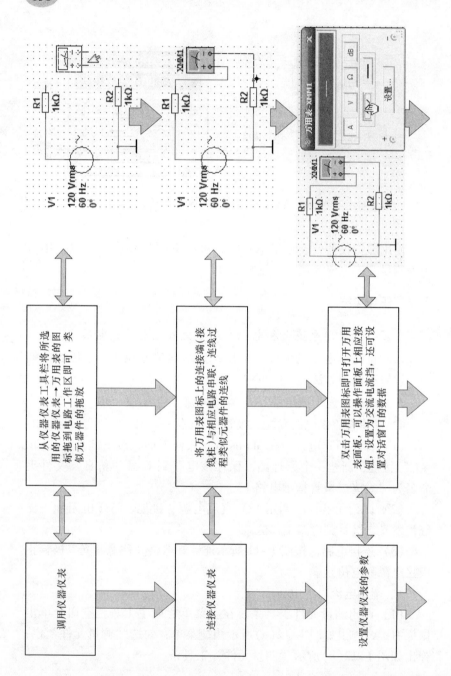

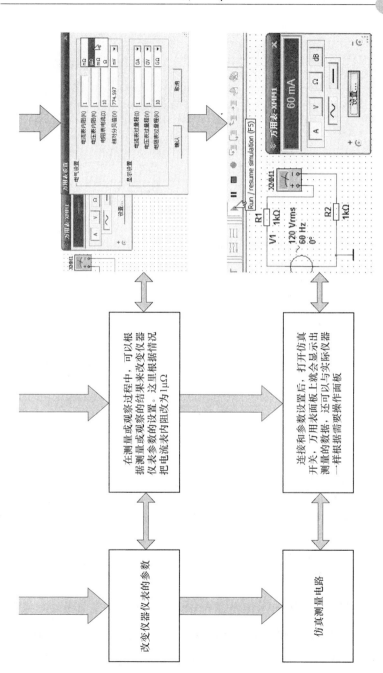

图 I-10　虚拟仪器仪表操作步骤

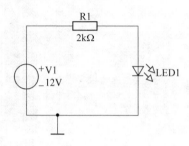

图 I -11   发光二极管指示电路

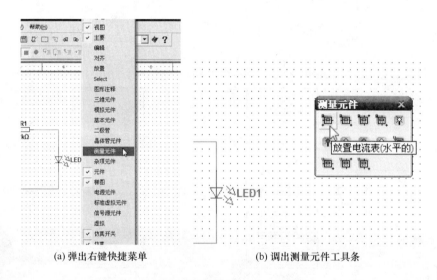

(a) 弹出右键快捷菜单   (b) 调出测量元件工具条

图 I -12   调出测量元件工具条

也可在元器件栏上按下"![]"指示器按钮,打开调用指示器库对话框。

(2) 调出电压表和电流表。单击"测量元件"工具条中"![]"按钮,鼠标将带出水平仿真的电流表,拖放到电路工作区;同样单击"![]"按钮调出水平放置的电压表置于电路工作区,再单击"![]"

Multisim 虚拟工控系统实训教程

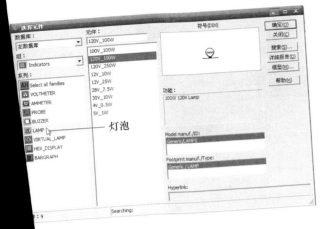

图 Ⅰ-18　在指示器库调用灯泡

图 Ⅰ-19　指示器库调用电流表

流、电压表

表弹出如图 Ⅰ-20 所示的仪表设置对话框，在"参数"

为"AC"（交流电），同样将电压表改为"AC"（交

按钮调出垂直放置的电压表，如图 Ⅰ-13 所示。

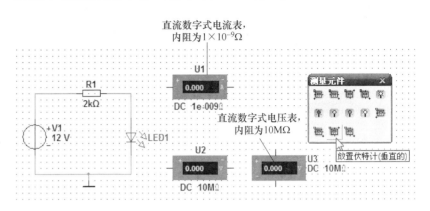

图 Ⅰ-13　调用直流电流表和电压表

c　连接电流、电压表

电流表 U1 需串联于电路中，故需将原电路 R1 与 LED1 之间的连接导线删除，将电流表 U1 串联于回路中；电压表 U2 直接并联于电阻 R1 两端，电压表 U3 并联于发光二极管 LED1 两端即可。与真实测量电路相同，测量直流电时需考虑仪表的正负极，如图 Ⅰ-14 所示。

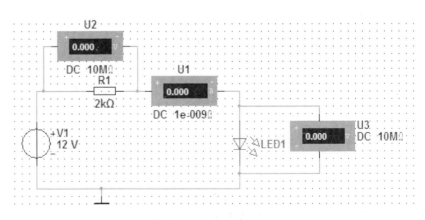

图 Ⅰ-14　连接电流电压表到电路中

d　设置或改变电流电压表的参数

双击电压表，弹出如图 I-15 所示的电压表设置修改对话框，在"参数"页面有两项：电压表内阻为 10MΩ，模式为 DC（直流）。这里默认设置，不做修改。

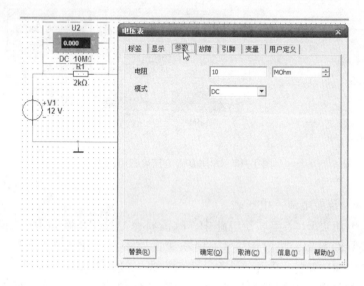

图 I-15　弹出电压表设置对话框

e　仿真测量电流、电压

完成电路连接和仪表设置后，按下仿真工具栏的" ▷ "按钮，或打开仿真电源开关" 🔘 "，如图 I-16 所示，可见电路中发光二极管发光，电流表显示电路直流电流为 5.171mA，电阻 R1 两端电压为 10.340V，发光二极管两端电压为 1.660V。

B　测量白炽灯交流电路的电流、电压有效值

a　白炽灯交流测量电路

搭建白炽灯交流测量电路的方法，如图 I-17 所示。

（1）保存新建电路，命名为"白炽灯交流电路"。

（2）调用各元器件、灯泡和测量仪表放置到电路工作区。在电源元件库（Sources）中调用交流电源、接地；在指示器库（Indica-

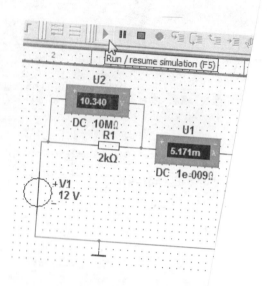

图 I-16　测量发光二极管

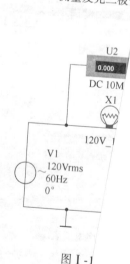

图 I-1

tors）调用 120V 100W 灯泡
器库调用电压表和电流表，

（3）连接电路。按图 I

b　设置电
双击电流表
页的模式栏修改
流电压表）。

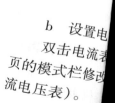

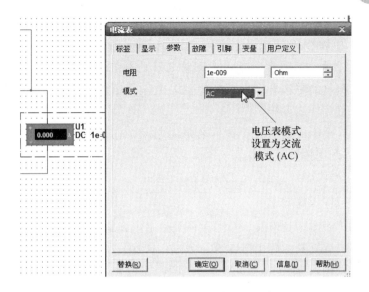

图 I-20　设置电压表为交流电压表

c　仿真测量电流、电压

完成电路连接和仪表设置后，打开仿真电源开关"▶◆Ⅱ"，如图 I-21 所示，灯泡发光并闪烁，表示是交流电供电，电流表显示

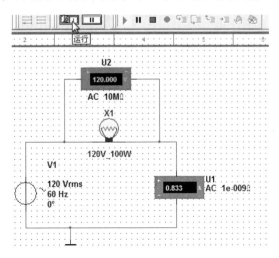

图 I-21　仿真测量白炽灯两端电压及回路电流有效值

0.833mA（理论计算值：$I = P/U = 100/120 = 0.833\text{mA}$），灯泡 X1 两端电压为 120V。

Ⅰ-2-2　使用数字万用表测量电阻、电流、电压

以测量简单串并联电路的电流、电压介绍虚拟数字万用表的调用、设置和使用方法。

A　测量发光二极管指示电路的电流、电压

a　调用数字万用表

打开前面搭建的发光二极管指示电路 1，将鼠标移到图Ⅰ-22 所示的虚拟仪器仪表工具栏" 📟 "上，单击万用表按键，鼠标将带出数字万用表图标到电路工作区，移到指定位置后，单击鼠标，就将数字万用表放置到电路工作区了，调用三只数字万用表，其图标相同只是标识分别为 XMM1、XMM2、XMM3，如图Ⅰ-23 所示。

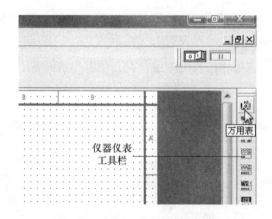

图Ⅰ-22　调用数字万用表的位置

b　连接数字万用表

使用虚拟万用表测量电路电流、电压与实际测量环境相同，测直流时有正负极之分，测电压时万用表并联于元件两端，测电流时串联于电路中。在图Ⅰ-23 中，将万用表 XMM1 直接并联于 R1 两端；先把 R1 与 LED1 之间导线删除断开，再将万用表 XMM2 串联于回路中；

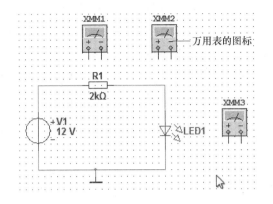

图Ⅰ-23　放置三只数字万用表于工作区

XMM3 并联于 LED1 两端。如图Ⅰ-24 所示。

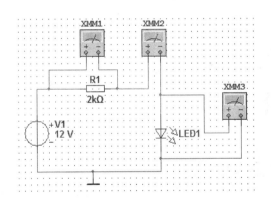

图Ⅰ-24　连接万用表

　　c　设置数字万用表

　　双击万用表图标，即可弹出数字万用表面板，面板将显示测量数据和万用表的设置。

　　（1）设置万用表 XMM1 为直流电压挡。双击 XMM1 图标，弹出如图Ⅰ-25 所示的万用表面板，从面板上可见：有测量数据显示屏、4 个功能选择键（电流挡 A、电压挡 V、电阻挡 Ω、电压损耗分贝挡

dB）、被测信号类型键（交流和直流）、面板设置键、正极（＋）负极（－）两个引线端。将万用表 XMM1 设置为直流电压挡，按下电压键" V "和直流键" ━━ "即可。

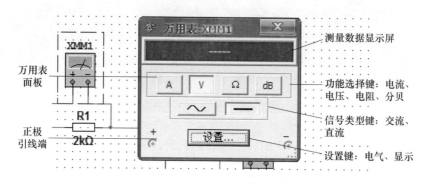

图Ⅰ-25　万用表 XMM1 的面板

按下万用表面板的设置按键" 设置... "，将弹出如图Ⅰ-26 所示的万用表设置对话框，对话框有电气设置和显示设置两栏内容。电气设置中可设置电流表内阻、电压表内阻、电阻表电流和相对分贝值，一般采用系统默认值：电流表内阻 1nΩ，电压表内阻 1GΩ；万

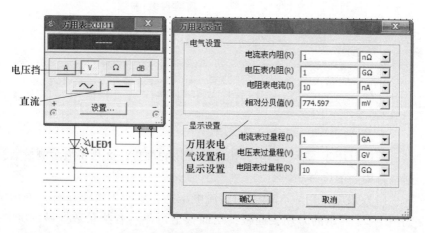

图Ⅰ-26　万用表 XMM1 设置对话框

用表显示设置中可设置电流表、电压表、电阻表的最大量程，系统默认显示最大电流 1GA、显示最大电压 1GV、显示最大电阻 10GΩ。这里都采用系统默认参数，不做修改，故按下"取消"键退出设置。

（2）设置万用表 XMM2 为直流电流挡。如图Ⅰ-27 所示，在万用表的面板上按下"A"和"—"两个按键，将万用表 XMM2 设置为直流电流表；其参数设置采用系统默认，不做修改。

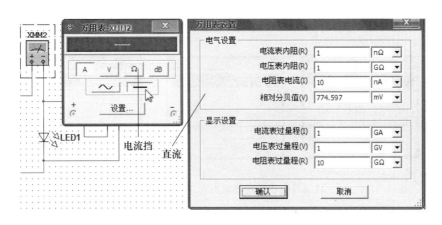

图Ⅰ-27　万用表 XMM2 设置

（3）设置万用表 XMM3 为直流电压挡。万用表 XMM3 的设置方法与 XMM1 的设置方法相同，设置为直流电压表，其余采用系统默认参数。

　　d　仿真测量电路

测量电路连接和万用表设置好后，按下仿真电源开关"▮▯▯"，如图Ⅰ-28 所示，发光二极管发光，三只万用表分别显示：10.34V、5.17mA、1.66V。与前面图Ⅰ-16 测量数据相同。

　　注：使用实际万用表测量电流、电压时，不能在测量过程中转换万用表档位！但在 Multisim10 环境中可以边仿真测量边设置，便于观察不同情况下的测量结果，其灵活性强。

　　B　测量白炽灯交流电路的电流、电压

打开已搭建的白炽灯交流电路，将电路中的电压表和电流表删

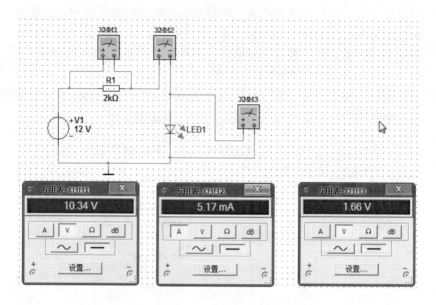

图Ⅰ-28 万用表仿真测量发光二极管电路电流电压

除，更换为万用表 XMM1 和 XMM2，如图Ⅰ-29 所示。连接好电路后，将两只万用表分别设置为交流电压挡和交流电流挡，其他参数默认，如图Ⅰ-30 所示。

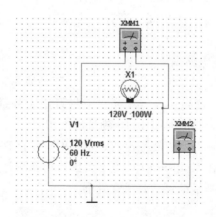

图Ⅰ-29 万用表测量交流电路

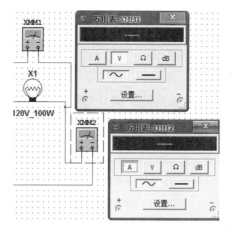

图Ⅰ-30　万用表设置为交流电压和交流电流

按下仿真电源开关"![图标]"，如图Ⅰ-31所示，灯泡闪烁，两只万用表分别显示：120V、833.335mA。与前面图Ⅰ-21测量数据相同。

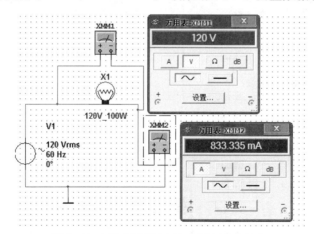

图Ⅰ-31　万用表测量交流电压电流有效值

C　测量电阻阻值

a　调用电阻器

从元件工具栏打开电阻器调用对话框，分别取出1.2kΩ、2kΩ、3kΩ三支电阻到电路工作区，并且在电源调用对话框取出"接地"到工作区。

b   调用万用表

从仪器仪表工具栏取出一台万用表到工作区，并把万用表设置为欧姆挡。

c   测量电阻值

（1）使用虚拟万用表的欧姆挡分别测量三支电阻器的阻值，如图 I -32（a）所示。

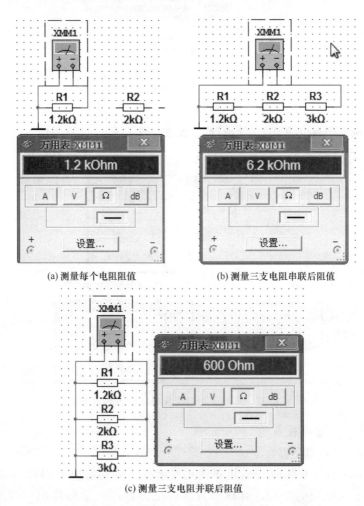

(a) 测量每个电阻阻值   (b) 测量三支电阻串联后阻值

(c) 测量三支电阻并联后阻值

图 I -32   万用表测量电阻阻值

（2）将三支电阻器串联后，使用万用表测量其总阻值，如图Ⅰ-32（b）所示。

（3）将三支电阻器并联后，使用万用表测量其总阻值，如图Ⅰ-32（c）所示。

Ⅰ-2-3　使用函数信号发生器产生波形、示波器测量波形

A　使用函数信号发生器产生波形

a　调用函数信号发生器

在 Multisim10 环境，鼠标指向虚拟仪器仪表工具栏，单击函数信号发生器按键" 　"，即可将信号发生器调到电路工作区，如图Ⅰ-33 所示。从图标上可知 Multisim10 提供的函数信号发生器可产生三角波、正弦波和矩形波三种电压波形，仪器上有 3 个引线端口：正极、公共端和负极。

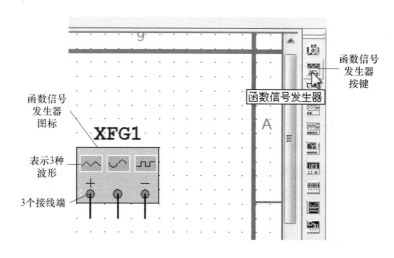

图Ⅰ-33　函数信号发生器的图标及含义

b　连接函数信号发生器

函数信号发生器有三个接线端，当连接正极" +"和公共端将输出正极性信号，如图Ⅰ-34（a）所示；连接负极" −"和公共端将输出反相 180°的负极性信号，如图Ⅰ-34（b）所示；连接正极

"＋"和负极"－"将输出幅度 2 倍的正极性信号，如图Ⅰ-34(c)所示。

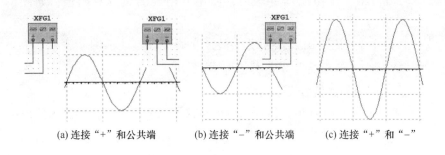

(a) 连接"＋"和公共端　　　(b) 连接"－"和公共端　　　(c) 连接"＋"和"－"

图Ⅰ-34　不同连接方法输出的信号

温馨提示

（1）若输出信号含有直流成分，则所设置的幅度为直流叠加交流信号大小。

（2）若把公共端与正极或负极连接起来，则输出信号的峰峰值是振幅的 2 倍。

（3）若把正极与负极连接起来，则输出信号的峰峰值是振幅的 4 倍。

---

c　设置函数信号发生器

双击函数信号发生器图标，将弹出如图Ⅰ-35 所示的函数信号发生器面板。

（1）选择波形。单击面板上 ∿ 、 ∿ 、 ⊓ 条形按钮，就可以输出相应的正弦波、三角波和矩形波的电压波形。

（2）设置信号频率大小、幅度大小等。面板上的"信号选项"有：输出信号频率大小设置、三角波与矩形波的占空比设置、输出信号电压振幅设置、输出信号中直流成分大小设置、矩形波的上升沿/下降沿时间设置。

"频率"是设置输出信号的频率，其设置范围为 1 Hz ～ 1000 THz。

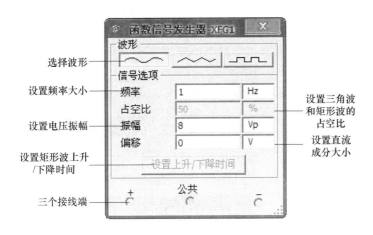

图 I -35　信号发生器面板

设置频率时，将鼠标移到如图 I -36（a）所示频率数值框位置，鼠标变为手形，按数值增加或减小按钮 可改变频率数值，也可直接在数值框内输入所需频率大小；右侧是频率单位选择框，单击鼠标弹出如图 I -36（b）所示的下拉菜单，可选择频率的单位。

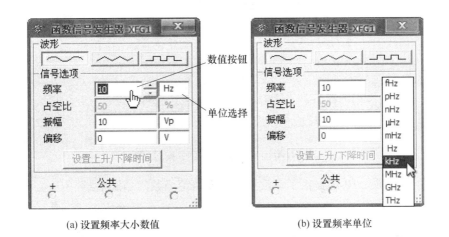

(a) 设置频率大小数值　　　　　　　(b) 设置频率单位

图 I -36　数值输出信号的频率大小

"占空比"是设置输出信号的持续期（高电平）与信号周期的比值，只对三角波与矩形波有效。

"振幅"是设置输出信号电压幅度大小，是信号峰峰值的一半，设置范围为 1fVp ~ 1000TVp。

"偏移"是设置输出信号中直流成分的大小，设置范围很大，默认为0，表示输出电压没有叠加直流成分。

在输出矩形波时，单击"设置上升/下降时间"按钮，弹出如图 I -37 所示的设置对话框，可以设置输出矩形波的上升/下降时间。

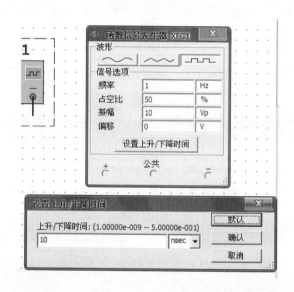

图 I -37   设置输出矩形波的上升/下降时间

知识窗——安捷伦信号发生器

Multisim10 还提供了一款三维的安捷伦函数信号发生器。

单击仪器仪表工具栏上安捷伦函数信号发生器![按钮图标]按钮，即可调出安捷伦函数信号发生器的图标，双击图标，将弹出与实际安捷伦函数信号发生器相同的面板，如图 I -38 所示。具体设置在以后介绍。

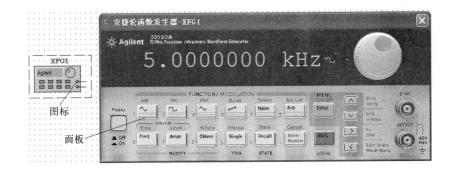

图 I -38　安捷伦函数信号发生器

B　使用示波器观测波形

a　调用示波器

在 Multisim10 环境，鼠标指向虚拟仪器仪表工具栏，单击示波器按键"　"，即可将双通道示波器调到电路工作区，图标如图 I -39 所示。从图标上可知 Multisim10 提供的双通道示波器有 6 个连接点：A 通道输入和接地、B 通道输入和接地、Ext Trig 外触发端和接地。

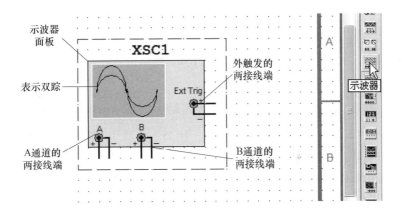

图 I -39　双踪示波器图标及含义

b 连接示波器

如图 I-40 所示，将函数信号发生器图标的正极 " + " 与示波器 A 通道的 " + " 连接，信号发生器图标的负极 " – " 与示波器 A 通道的 " – " 连接，同时一定接地。

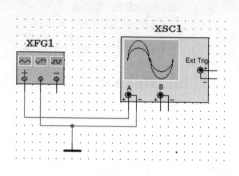

图 I-40 连接信号发生器与双踪示波器

温馨提示

虚拟示波器与实际示波器连接稍有不同：一是两通道 A、B 可以只用一根线与被测点连线，测量的是该点与地之间的波形；二是可以将示波器每个通道的 + 和 – 端接在某两点上，示波器测量的是这两点之间的波形。

---

c 设置示波器

双击示波器图标，将弹出如图 I-41 所示的示波器面板。

(1) 设置时间基准（时间轴）。

比例 |1 ms/Div ⬍：设置 X 轴方向每格所代表的时间，即量程。单击该栏后将出现上下箭头，按动上下箭头，可设置水平方向每格时间值。例如要测量一个频率为 1kHz 的信号，"比例"可设置为 $500\mu s/Div$，表示 X 轴（水平）方向每格代表 $500\mu s$，信号的一个周期刚好占 2 格。

X 位置 |0 ⬍：设置 X 轴方向扫描线的起始位置，设

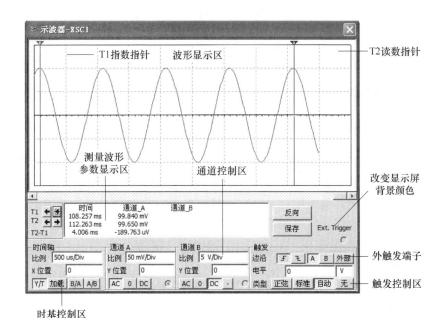

图Ⅰ-41　双踪示波器面板

置不同值，便于观察波形。

Y/T 加载 B/A A/B：设置 4 种显示方式。

"Y/T"方式指的是 X 轴显示时间，Y 轴显示电压值，这是最常用的方式，一般用以测量电路的输入、输出电压波形；

"加载"实际为"叠加"方式，指的是 X 轴显示时间，Y 轴显示 A 通道和 B 通道电压之和；

"B/A"或"A/B"方式指的是 X 轴和 Y 轴都显示电压值，常用于测量电路传输特性和观察李沙育图形。

（2）设置通道 A。

比例 1 V/Div：设置 A 通道输入信号的 Y 轴每格电压值，即量程。可根据输入信号大小来选择，使信号波形在示波器显示屏上显示出合适的位置。例如要测量一个振幅为 60mV 的信号，"比例"

可设置为 50mV/Div，表示 Y 轴（垂直）方向每格代表 50mV，波形在垂直方向占 1 格多。

Y位置 | 1 | ▲▼：设置 Y 轴的起始点位置，起始点为 0 表明 Y 轴起始点在示波器显示屏中线，起始点为正值表明 Y 轴原点位置向上移，否则向下移。

AC | 0 | DC | ⊙：信号输入耦合方式，有 AC（交流耦合）、0（0 耦合）、DC（直流耦合）三种。设置为交流耦合时，只显示交流分量；设置为直流耦合时示波器显示直流和交流之和；设置为 0 耦合，示波器内部输入端对地短路，且与外部开路，信号不能输入，Y 轴显示一条直线，便于调节原点位置。

（3）设置通道 B。通道 B 的 Y 轴比例（量程）、起始点、耦合方式等项内容与 A 通道相同。

（4）设置触发方式。触发方式主要用来设置 X 轴的触发信号、触发电平及边沿等。

边沿 | ʃ | ʅ：设置被测信号开始的边沿，可选择上升沿或下降沿。

A | B | 外部：触发源选择，"A 或 B"表明用 A 通道或 B 通道的输入信号作为 X 轴的触发信号。"外部"表明触发信号取自外部。

电平 | 0 | ▲▼ | V：设置触发信号的电平，使触发信号在某一电平时启动扫描。

类型 | 正弦 | 标准 | 自动 | 无：设置触发类型。

"正弦"这一词为汉化软件翻译有误，实际为单脉冲触发方式按钮，按下该按钮后示波器处于单次扫描等待状态，触发信号来到后开始一次扫描。

"标准"为常态扫描方式按钮，这种扫描方式是指没有触发信号时就没有扫描线。

"自动"为自动扫描方式按钮，这种扫描方式不管有无触发信号时均有扫描线，一般情况下使用自动方式。

"无"表示没有触发信号。

（5）设置测量波形参数显示区。如图Ⅰ-42所示，在屏幕上有T1、T2两条可以左右移动的读数指针，指针上方注有1、2的三角形标志，用以读取所显示波形的具体数值，并将其显示在屏幕下方的测量数据显示区。

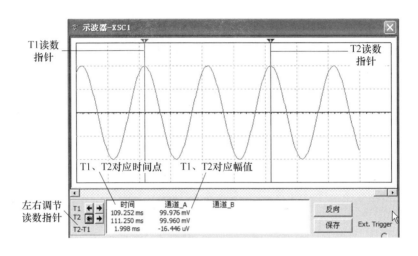

图Ⅰ-42　双踪示波器面板

数据区显示T1时刻、T2时刻、T2~T1时段读取的3组数据，每一组数据都包括时间值（Time）、通道A的幅值和通道B的幅值。用户可拖动读数指针左右移动，或通过单击数据区左侧T1、T2的箭头按钮移动指针线的方式读取数值。如图Ⅰ-42所示，参数显示区T1时刻为109.252ms表示电路仿真运行在T1时刻为109.252ms，在T2时刻为111.250ms，T2~T1为两个周期的时间，即为1.998ms（约为2ms），T2指针位置的电压幅值约为100mV。

通过调节两读数指针，就可以十分方便的测量信号的周期、脉冲宽度、上升时间及下降时间等参数。

为了测量方便准确，单击Pause（暂停）按钮，使波形"冻结"，然后再测量。再移动T1、T2两读数指针来读取相应参数。

（6）设置信号波形显示颜色。只要设置 A、B 通道连接线的颜色，则波形的显示颜色便与连接线的颜色相同。方法是选中连接导线，单击鼠标右键，在弹出的对话框中选中"图块颜色"，在弹出的颜色对话框中设置连接线的颜色，如图 I-43 所示。

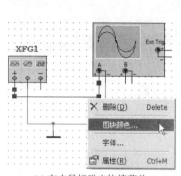

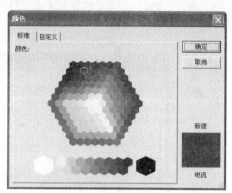

(a) 右击鼠标弹出快捷菜单　　　　(b) 导线颜色设置对话框

图 I-43　设置导线及波形显示颜色

（7）设置显示屏幕背景颜色。单击操作面板右下方的 反向 按钮，即可改变屏幕背景的颜色。如要将屏幕背景恢复为原色，再次单击 反向 按钮即可。

（8）存储读数。对于读数指针测量的数据，单击操作面板右下方的 保存 按钮即可将其存储。数据存储为 ASCII 码格式。

（9）移动波形。在电路仿真动态显示时，单击 ▮▮ （暂停）按钮，再可通过改变"X 位置 -1.2 ▯"的设置而左右移动波形；也可通过拖动显示屏幕下沿的滚动条也可左右移动波形。如图 I-44 所示。

d　示波器仿真测量

（1）如图 I-45 所示，调用函数信号发生器和双踪示波器各 1 台，还有接地，连接好测量线路。

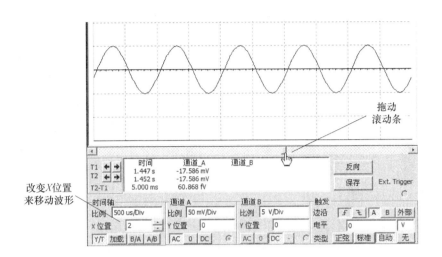

图 I-44　移动 X 位置观察和读取波形

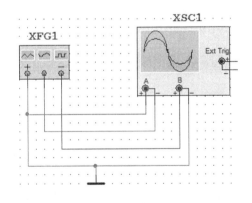

图 I-45　函数信号发生器与示波器的两路连接

（2）设置函数信号发生器产生一个振幅为 200mV 频率为 465kHz 的正弦波；对应设置示波器 X 轴每格为 1μs/Div，通道 A 的 Y 轴每格 200mV/Div，通道 B 的 Y 轴每格 500mV/Div，其他设置如图 I-46 所示。

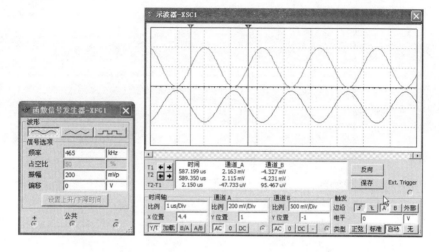

图 I -46　设置信号发生器与示波器以及示波器仿真波形

（3）按下仿真电源开关或运行按钮 ▷ 或 F5，如图 I - 47 所示，移动两读数指针，测量出两信号的周期，以及 T1、T2 时间点对应的对应幅度。

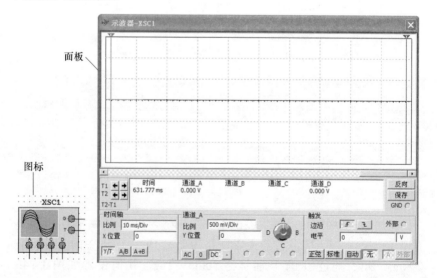

图 I -47　四踪示波器

知识窗——多种示波器

Multisim10 还提供了四踪示波器和两款三维的示波器：安捷伦示波器和泰克示波器。

单击仪器仪表工具栏上四踪示波器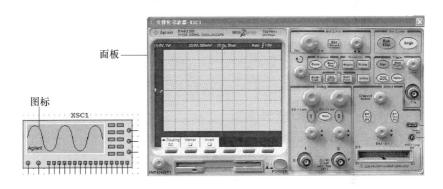按钮，即可调出四踪示波器的图标，双击图标将弹出四踪示波器面板，如图Ⅰ-47 所示。

单击仪器仪表工具栏上安捷伦示波器按钮，即可调出安捷伦示波器的图标，双击图标将弹出与实际安捷伦示波器相同的面板，如图Ⅰ-48 所示。

面板

图标

图Ⅰ-48　安捷伦示波器

单击仪器仪表工具栏上泰克示波器按钮，即可调出泰克示波器的图标，双击图标将弹出与实际泰克示波器相同的面板，如图Ⅰ-49 所示。

Ⅰ-2-4　使用频率计测量信号频率和周期

频率计是用来测量信号频率和周期的主要测量仪器，还可以测量脉冲信号的特性（如脉冲宽度、上升沿和下降沿时间）。

A　调用频率计

单击仪器仪表工具栏上频率计按钮，即可调出频率计图标，双击图标即可弹出频率计面板，如图Ⅰ-50 所示。

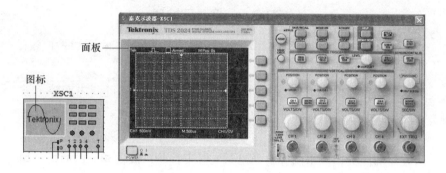

图Ⅰ-49　泰克示波器

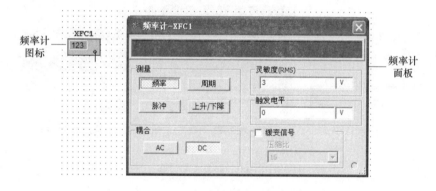

图Ⅰ-50　频率计图标和设置显示面板

B　连接频率计

调出一个交流电源与频率计连接，频率计只有一个输入端，用于连接电路的输出信号，如图Ⅰ-51所示。

C　设置频率计

（1）设置测量选项区：用于对测量功能进行选择，如图Ⅰ-51所示。

"频率"按钮：频率测量；

"周期"按钮：周期测量；

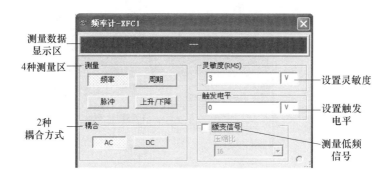

图 I-51　设置频率计

"脉冲"按钮：正脉冲和负脉冲的宽度测量；

"上升/下降"按钮：脉冲信号的上升沿时间和下降沿时间测量。

（2）设置耦合方式："AC"按钮只测量显示交流信号；"DC"按钮用来显示交直流混合信号。

（3）设置灵敏度：用来输入灵敏度值。注意输入信号幅度必须大于灵敏度才能进行测量。

（4）设置触发电平：用来输入触发电平值，注意输入信号必须大于触发电平才能进行测量。

（5）设置缓变信号：当测量信号频率极低时，勾选"缓变信号"，并可增大压缩比，才能显示。

D　频率计仿真测量

频率计连接一个 50Hz 幅度为 100mV 的信号源，频率计的灵敏度应设置为小于 100mV，其他默认；按下仿真开关，将在频率计显示屏显示 50Hz，按下周期按钮，显示 20ms，如图 I-52 所示。

I-2-5　使用瓦特表（功率表）测量功率

Multisim10 提供的瓦特表用来测量电路的交流或者直流功率，常用于测量较大的有功功率，也就是电压和流过的电流的乘积，单位为瓦特（W）。瓦特表不仅可以显示功率大小，还可以显示功率因数。

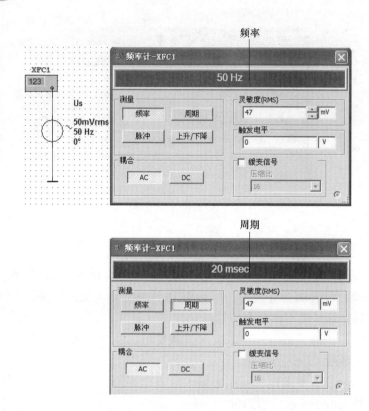

图 I -52　频率计测量电路及结果

A　调用功率表

单击仪器仪表工具栏上频率计 按钮，即可调出功率表图标，如图 I -53 所示，功率表有 4 个接线端，电压端子并接在电路两端，电流端子串接于电路中；双击图标即可弹出功率表面板。

B　使用功率表

如图 I -54 所示，将功率表的电压测量线路并接在电阻 R1 两端，电流测量线路串接在电路中，按下仿真开关，即可测量出电阻 R1 所消耗的功率。

NI Multisim10 虚拟电子实验平台，还提供了功率计、波特图示

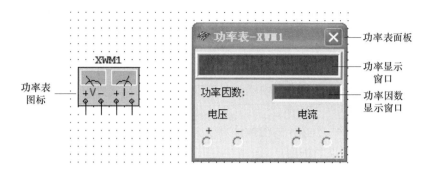

图 Ⅰ-53 功率表图标和设置显示面板

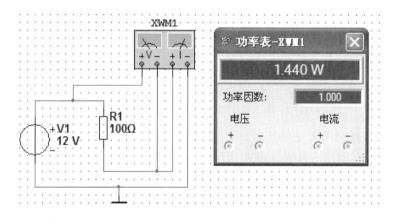

图 Ⅰ-54 功率表电阻 R1 消耗功率

仪、字发生器、逻辑分析仪、逻辑转换仪、I-V 特性分析仪、失真度分析仪、频谱分析仪、网络分析仪等多种模拟电路与数字电路测量仪器，这里不再一一介绍，在以后项目中将介绍。

附录Ⅱ　预习报告撰写一般要求

实验预习报告的目的，是要求学员在做实验前对所即将要做的实验做课前的理论准备，以便让学员在实验前对实验课目的、手段、方法等内容做到心中有数。另外，要求事前进行相关参数计算，如此可节约上实验课中不必要的参数计算、公式推导的时间，以保证实验项目的质量、效果和进度。

一、实验预习内容

（1）对实验的基本原理、重点、难点及实验步骤的理解，其中读懂实验电路工作原理图、明确知道需要实验检测的参数尤为重要；

（2）相关参数计算，并看懂实验数据记录表格中要填入参数对象的设计意义及表格格式；

（3）如果能坚持采用电子电路仿真软件（推荐 Multisim 9 以上版本）进行仿真实验，根据实验要求记录相关数据及波形，则是实验预习形式的最高境界；

（4）对于本书的实验项目，学员可根据实验课程安排项目打印相关章节及预习报告的格式（见每个实验后页），以备实验用。

二、实验预习报告内容

（1）依据实验项目，如果能用电子电路仿真软件（推荐 Multisim 9 以上版本）做实验仿真，并记录相关数据或波形，则为最佳；

（2）对暂时不太清楚或不理解的问题，要求做记录，以便请任课教师解答；

（3）画出实验电路原理图，并简述其基本工作原理。

三、实验预习参考资料

（1）本书；

（2）相关教材；

（3）相关网站。

附录Ⅲ　实训报告撰写一般要求

一、实训报告内容

（1）实训体会：各组间讨论设计、实验心得、实现原理和方法。

（2）实训仪器：列出实验中所使用的主要仪器。

（3）实训原理：简要地用文字和公式说明实验原理。要求叙述简洁清晰，原理图、线路图、公式完整，公式解析清晰。

（4）实训步骤：简明扼要地写出实验步骤、方法、流程。

（5）实训数据及其处理：

1）对于验证性实验：应用文字、表格、图形、将实验数据表示出来；

2）对于设计性实验：根据实验要求及公式推导，计算、分析数据并与实验结果相比较，同时进行有关数据和误差处理，尽可能地使记录表格化。

（6）问题讨论（或体会）：分析讨论实验中出现的现象，产生的误差和问题，完成实验指导书上的思考题；分析讨论，应尽可能结合有关理论，以提高自己分析问题、解决问题的能力，也为以后的科学研究打下坚实的基础。

（7）记录本人或实验指导老师对实验数据的讲解，所做的概括性总结：为什么实验数据会大致如此，它所代表的物理意义、过程，产生差异的原因，对实验数据采集、测量应注意的手段、方法等重点环节。

二、实训报告格式

实训报告要求每个同学用学校专用的报告纸书写，字迹工整，版面整洁，符号标准、图表规范。

封面应写明：

实验名称_____

年级_____专业_____班级_____

姓名_____学号_____同组者姓名_____

指导教师姓名_____

附录Ⅳ　实训成绩评定方式及规则

本实验课程为单独设课，成绩为考查，考查成绩即每次实验的平均成绩。

（1）实训成绩分配比例：

预习报告（预习分10%）+实验操作（操作分50%）+实验报告（报告分40%）。

（2）实训成绩最终评定方式：

优秀、良好、中等、及格、不及格五等。

（3）实训操作评分规则：

根据学员完成实训先后次序，由指导老师逐次评分，学员完成实验先后顺序不作为实验操作评分依据。实训操作评分依据细则如下：

1）回答指导老师验收实验数据或作品时的提问（25分）；

2）实验操作的规范程度（10分）；

3）实验仪器、仪表、设备、实验电路的整理、复原情况（5分）；

4）实验设备使用情况登记（5分）；

5）实验室卫生整洁的保持状态（5分）。

（4）加分规则：

在实训中如果能提出有价值的合理化建议并经采纳：加10分；

发现本实验指导书中的原理错误或不准确等：加5分；

笔误：加2分；

瑕疵（错别字、标点符号等）：加2分。

最高分不超过实验满分。

附录Ⅴ　实验室规程

实验室是教学和科研的重要场所，实验时应保证人身、设备安全，爱护国家财产，培养科学作风。为此，应遵守下列实验室规则：

（1）实验前，学员应了解安全用电规程和仪表使用方法；

（2）对仪表、设备应轻拿轻放，正确使用，严禁带电拆线、接线；

（3）若自己增加实验内容，应与教师协商；

（4）非本次实验用设备、器材，未经教师允许不得动用；

（5）发生故障及损坏设备，必须立刻断开电源，向指导老师报告并等待解决；

（6）每次做完实验后，学员必须完成设备使用登记本的填写，关掉仪器电源开关，整理实验所用元器件、测试导线等物品，并放入原位；

（7）实验室内不得吸烟、吃零食和喧哗。

附录Ⅵ　实验基本功的要求

掌握实验基本功，对提高实验速度，取得较好的实验结果，从而更好地达到实验目的，是十分有益的。学员在实验中应注意这方面能力的培养和训练。

一、安全操作和科学作风

（1）实验前应通过预习实验报告，明确实验目的，了解实验原理、内容、步骤及注意事项等。

（2）拆接线：应有专人接线（组内分工），最后接电源部分。接完线后仔细复查。拆线则先拆电源。

（3）接完线后的几点准备工作：

1）调压器、分压器及可调直流电源的调节端，应置于输出电压最小（或输出电流最小）的位置上；

2）各仪表电压、电流量程应放在经过估算的一挡（指针应指于刻度的 2/3 处）或最大量程上。

（4）每次操作前应与同组人员相互沟通和合理分工。

（5）实验中应随时监视实验值，不能大于所用仪器及变阻器等电气设备的电压、电流、功率容量。

（6）注意各种仪表的保护措施，如检流计、磁通计用毕要短路；多量程电表如万用表及四用表用毕应将量程放在最安全处即交流电压最大量程上。

（7）实验完各仪器设备应关掉电源，归复零位，再拉开电源闸并拆线。

（8）培养良好的预操作习惯：养成良好的预操作习惯是每个实验最基本的要求，切忌搭好实验电路就通电并开始记录数据的不良习惯。一般实验预操作包括：

1）看看电路运行状态，仪表指示是否正常；

2）观察所测量数据的变化趋势，以便确定实验曲线取点；

3）找出变化特殊点，作为测取数据的重点；

4）逐步熟悉操作步骤。

二、实验技能

（1）元器件的选择、布局与接线技能：

1）元器件的布局应采用横平竖直，如果是采用分立元器件搭接电路，应对所选器件进行适当的目测和简单的测试（例如：目测元器件的外观、引脚是否有损伤，利用万用表测量其阻值是否与标称值相符，二极管或三极管可检测其 PN 结的状态是否良好等），以初步判别元器件是否处于正常状态。

2）合理安排仪表元件位置，接线要清楚，不同信号的连线尽量用颜色区分，长短适宜，以易于检查、操作方便。

3）先按电路图主回路接线，再接并联电路。

4）接线要牢固可靠，一个接线柱上不能多于三根。

5）对于导线颜色的用法：一般电源正极采用红色，负极采用黑色，信号线用黄色或蓝色。

（2）合理取点，通过预习操作了解被测曲线趋势和特殊点，曲率大处取点略密；所取点数应合理（5~10 点），使曲线能真实反映客观情况。

（3）正确、准确地读表：

1）合理选择量程，如果是指针式表，力求指针偏转大于 2/3 处。

2）读取表面分数度，按分数与量值的换算关系进行换算并记录。注意读出足够的有效数字。

（4）每项实验应记明实验项目、所用主要仪表及编号、实验条件及测量数据等，以求得到完整、精炼、可靠的原始数据。

（5）画曲线时，应配合实验结果的有效数字，选择合适的比例尺，避免夸大或掩盖了实验结果的误差。

参 考 文 献

[1] 胡宴如. 模拟电子技术［M］. 北京：高等教育出版社，2000.

[2] 聂典. Multisim10 计算机仿真在电子电路设计中的应用［M］. 北京：电子工业出版社，2009.

[3] 郭勇，许戈，刘豫东. EDA 技术基础［M］. 北京：机械工业出版社，2001.

[4] 周润景. Multisim & Lab VIEW 虚拟仪器设计［M］. 北京：北京航空航天大学出版社，2008.

[5] 刘刚. Multisim & U Itiboard10 原理图与 PCB 设计［M］. 北京：电子工业出版社，2009.

[6] 聂典，丁伟. Multisim10 计算机仿真在电子电路设计中的应用（EDA 工具应用丛书）［M］. 北京：电子工业出版社，2009.

[7] 张新喜，许军，王新忠，等. Multisim10 电路仿真及应用（高等院校 EDA 系列教材）［M］. 北京：机械工业出版社，2010.

[8] 王廷才，陈昊. 电工电子技术 Multisim10 仿真实验［M］. 北京：机械工业出版社，2011.

[9] 孙亚玲. 课堂教学有效性标准研究［M］. 北京：科学出版社，2008.

[10] 范爱平. 电子电路实验与虚拟技术［M］. 济南：山东科学技术出版社，2005.

[11] 黄柯棣. 系统仿真技术［M］. 北京：国防科技大学出版社，1998.

[12] 周政新. EDA 电子设计自动化实践与训练［M］. 北京：中国民航出版社，2002.

[13] 胡寿松. 自动控制原理［M］. 6 版. 北京：科学出版社，2013.

冶金工业出版社部分图书推荐

书　名	作　者	定价(元)
自动控制原理(第4版)(本科教材)	王建辉　主编	18.00
自动控制原理习题详解(本科教材)	王建辉　主编	18.00
热工测量仪表(第2版)	张　华　等编	46.00
自动控制系统(第2版)(本科教材)	刘建昌　主编	15.00
自动检测技术(第3版)	王绍纯　等编	45.00
机电一体化技术基础与产品设计(第2版)	刘　杰　主编	46.00
轧制过程自动化(第3版)(国规教材)	丁修堃　主编	59.00
电工电子实训教程(本科教材)	董景波　主编	18.00
电路与电子技术实验教程(本科教材)	孟繁钢　主编	13.00
电路原理实验指导书(本科教材)	孟繁钢　主编	18.00
单片机接口与应用(本科教材)	王普斌　主编	40.00
STC单片机创新实践应用(本科教材)	王普斌　等编	45.00
现代控制理论(英文版)(本科教材)	井元伟　等编	16.00
电气传动控制系统(本科教材)	钱晓龙　等编	35.00
冶金设备及自动化(本科教材)	王立萍　等编	29.00
冶金过程自动化基础	孙一康　等编	68.00
冶金原燃料生产自动化技术	马竹梧　编著	58.00
连铸及炉外精炼自动化技术	蒋慎言　编著	52.00
热轧生产自动化技术(第2版)	刘　玠　等编	118.00
冷轧生产自动化技术(第2版)	刘　玠　等编	78.00
冶金企业管理信息化技术(第2版)	漆永新　编著	68.00
冷热轧板带轧机的模型与控制	孙一康　编著	59.00